1+X 职业技术·职业资格培训教材

芳香美容

FANGXIANG MEIRONG

U0260842

主编　毕亚联

编者　毕亚联　　邵水金　　于慧青　　曹燕亚

　　　刘利明　　刘儒华　　李　炜

主审　李其忠

图书在版编目(CIP)数据

芳香美容/上海市职业技能鉴定中心组织编写. —北京：中国劳动社会保障出版社，2014

1＋X职业技术·职业资格培训教材

ISBN 978-7-5167-1050-0

Ⅰ.①芳…　Ⅱ.①上…　Ⅲ.①美容-技术培训-教材　Ⅳ.①TS974.1

中国版本图书馆 CIP 数据核字(2014)第 101045 号

中国劳动社会保障出版社出版发行

（北京市惠新东街 1 号　邮政编码：100029）

*

北京市白帆印务有限公司印刷装订　新华书店经销

787 毫米×1092 毫米　16 开本　9 印张　1 印张彩页　186 千字

2014 年 5 月第 1 版　　2019 年 7 月第 3 次印刷

定价：28.00 元

读者服务部电话：(010)64929211/84209101/64921644

营销中心电话：(010)64962347

出版社网址：http://www.class.com.cn

内 容 简 介

　　本教材由人力资源和社会保障部教材办公室、中国就业培训技术指导中心上海分中心、上海市职业技能鉴定中心依据上海1＋X芳香美容职业技能鉴定细目组织编写。教材从强化培养操作技能，掌握实用技术的角度出发，较好地体现了当前最新的实用知识与操作技术，对于提高从业人员基本素质，掌握芳香美容的核心知识与技能有直接的帮助和指导作用。

　　本书在编写过程中摒弃了传统教材只注重系统性、理论性和完整性的编写方法，而是根据本职业的工作特点，以培养学员能力和掌握实用操作技能为根本出发点，采用了模块化的编写方式。全书内容主要包括：芳香美容从业人员的职业素养、芳香美容概述、精油基础知识、芳香美容技术的基础理论、芳香精油的皮肤保养、芳香水疗法等。各章着重介绍相关专业理论知识与专业操作技能，使理论与实践得到有机的结合。

　　为便于读者掌握本教材的重点内容，教材每章后均附有本章测试题及答案，全书最后附有理论知识考核模拟试卷和操作技能考核模拟试卷，用于检验、巩固所学知识与技能。

　　本书可作为芳香美容职业技能培训与鉴定考核教材，也可供全国从事芳香美容行业的人员学习掌握先进芳香美容技术，或进行岗位培训、就业培训使用。

前　　言

　　职业培训制度的积极推进，尤其是职业资格证书制度的推行，为广大劳动者系统地学习相关职业的知识和技能，提高就业能力、工作能力和职业转换能力提供了可能，同时也为企业选择适应生产需要的合格劳动者提供了依据。

　　随着我国科学技术的飞速发展和产业结构的不断调整，各种新兴职业应运而生，传统职业中也愈来愈多、愈来愈快地融进了各种新知识、新技术和新工艺。因此，加快培养合格的、适应现代化建设要求的高技能人才就显得尤为迫切。近年来，上海市在加快高技能人才建设方面进行了有益的探索，积累了丰富而宝贵的经验。为优化人力资源结构，加快高技能人才队伍建设，上海市人力资源和社会保障局在提升职业标准、完善技能鉴定方面做了积极的探索和尝试，推出了1＋X培训与鉴定模式。1＋X中的1代表国家职业标准，X是为适应上海市经济发展的需要，对职业的部分知识和技能要求进行的扩充和更新。随着经济发展和技术进步，X将不断被赋予新的内涵，不断得到深化和提升。

　　上海市1＋X培训与鉴定模式，得到了国家人力资源和社会保障部的支持和肯定。为配合上海市开展的1＋X培训与鉴定的需要，人力资源和社会保障部教材办公室、中国就业培训技术指导中心上海分中心、上海市职业技能鉴定中心联合组织有关方面的专家、技术人员共同编写了职业技术·职业资格培训系列教材。

　　职业技术·职业资格培训教材严格按照1＋X鉴定考核细目进行编写，教材内容充分反映了当前从事职业活动所需要的核心知识与技能，较好地体现了适用性、先进性与前瞻性。聘请编写1＋X鉴定考核细目的专家，以及相关行业的专家参与教材的编审工作，保证了教材内容的科学性及与鉴定考核细目以及题库的紧密衔接。

　　职业技术·职业资格培训教材突出了适应职业技能培训的特色，使读者通过学习与培训，不仅有助于通过鉴定考核，而且能够有针对性地进行系统学习，真正掌握本职业的核心技术与操作技能，从而实现从懂得了什么到会做什么的飞跃。

职业技术·职业资格培训教材立足于国家职业标准，也可为全国其他省市开展新职业、新技术职业培训和鉴定考核，以及高技能人才培养提供借鉴或参考。

新教材的编写是一项探索性工作，由于时间紧迫，不足之处在所难免，欢迎各使用单位及个人对教材提出宝贵意见和建议，以便教材修订时补充更正。

人力资源和社会保障部教材办公室
中国就业培训技术指导中心上海分中心
上海市职业技能鉴定中心

目　录

1

第 1 章

芳香美容从业人员的职业素养

第1节 职业基本要求

 学习目标

➤了解芳香美容师的职业要求

➤熟悉芳香美容师的职业素养

➤掌握芳香美容师的职业自我保健

 知识要求

一、芳香美容师与职业美容师的区别

一般人认为芳香美容师只局限于美容，这是错误的看法。专业的芳香美容师有别于传统美容师。合格的芳香美容师应具备集技术性、服务性、艺术性等于一身的专业素质及道德素养。

芳香美容师除了应具有美容师的专业素质外，还应具备芳香专业的特殊资格，具有高度的服务热情，既要学习解剖学、生理学、心理学的基本知识，又要接受专业按摩以及芳香课程的专业培训，才能成为一名真正的芳香美容师。

要想成为合格的芳香美容师，除了具备专业知识外，还必须对顾客有爱心和耐心，尤其要遵守芳香治疗的准则。

二、芳香美容师与美容师的协同

1. 芳香美容师在接受方向课程学习之前，必须学习美容师基础课程，在此基础上还必须学习中医基础理论、解剖学、生理学、心理学及专业按摩技术等课程，并在美容师行业中取得一定资历。同时，在处理各类相关问题时已具有较强的应变能力和社会阅历，并愿意在美容师行业中继续深造、不断钻研的人员才能学习专业芳香治疗课程。

2. 芳香美容师与美容师都必须遵循国家美容行业的基本技能规范，遵守行业的职业道德，保持个人良好形象，不断加强道德修养。

3. 芳香美容师与美容师均须具备和掌握各自的专业技能与知识，熟知行业的法律、法规，以及相关的经营管理知识、医学常识、美学知识、化妆品（精油）鉴定方法等。

4. 芳香美容师与美容师均应具有良好的服务心理和正确的工作态度。

三、芳香美容师应具备的基本素质

1. 职业道德

（1）遵守国家法律、法规和美容院的规章制度。

（2）乐于学习，心智健全，不断提高自身素质。

（3）言而有信，尽心尽责。

（4）具有同情心，乐于助人。

（5）礼貌待客，服务周到。

（6）仪表端庄，谈吐文雅。

2. 职业守则

（1）具有良好的职业道德和敬业精神。

（2）掌握正确的专业技术知识。

（3）保持良好的工作状态。

（4）及时帮助顾客排忧解难。

（5）严格执行规范的操作程序。

（6）不贩售伪劣的芳香产品。

3. 保健规则

遵守保健规则，保持积极热情的工作态度，注意克服不良情绪，有助于芳香美容师塑造优秀的专业形象。

（1）养成清洁习惯，注重仪容，细心保养。

（2）讲究口腔卫生，常漱口，定期做牙齿及身体检查。

（3）具有良好的服务姿态，微笑、热情服务。

（4）放松心情，适度运动，充满活力，振作精神。

（5）适度睡眠，适量饮食，保持精力充沛。

（6）每天沐浴，保持身体清爽，身心愉快。

（7）保持头发清洁及光泽，眉毛应修饰整齐，不要浓妆艳抹或疏忽化妆技巧。

（8）穿着合体的棉麻面料工服并保持服装整洁，应选择软底、舒适、合脚的鞋子。

（9）保持手部清洁，指甲必须细心修剪，不可涂抹指甲油。

4. 芳香美容师形象

芳香美容师必须具有专业的姿势、高雅端庄的言谈举止和正确的仪态。

正确的站姿、坐姿及行走姿势，除了可以提升个人的专业形象，同时可以避免疲劳、腰酸背痛，并可以增添自信心。正确的姿势能够改善仪态，并在工作中向顾客展现优雅的举止及完美的形象；不合理的姿势会给人不雅观、不文明的印象。

正确优美的姿势可以通过强化训练而形成，芳香美容师工作时要保持正确坐姿以避免腰酸背痛。

（1）站姿。正确的站姿应该是表情自然、双目平视、微闭双唇、颈部挺直、微收下颌、挺胸、收腹、臀部肌肉上提、双臂自然下垂、双肩放松稍向后，女子双腿并拢，双脚呈"V"字或"丁"字站立；男子双脚平行并分开与肩同宽站立。

（2）坐姿。正确的坐姿是上体保持站立时的姿势，双膝靠拢，双腿不分开或稍分开，或腿向前伸出，两脚不可交叉，双膝尽量靠拢。

（3）走姿。走路时身体挺直，保持站立时的姿势，不可左右摇动，摇晃度或歪肩度不可太大，忌左右摆动、后摆时甩手，提臀。用大腿带小腿迈步，双脚基本走在一条直线上，步伐平稳，忌上下颠动、左右摇摆及甩脚，也不要故意扭臀部，步伐应与呼吸配合成有规律的节奏。

第 2 节　职业礼仪要求

 学习目标

➤了解芳香美容师职业规范礼仪要求

➤熟悉芳香美容师职业语言接待技巧

➤掌握芳香美容师职业行为接待技巧

 知识要求

一、语言接待技巧

芳香疗法不仅是帮助人们保持身心健康的方法，它更可以激发人们对生活的热情。养生最重要的目的是健康，进而使人享受生活。一位法国哲学家说过："教导人们生活，而非逃避死亡。生命不是呼吸而是行动，运用我们的感觉、心智、器官、全身的每一部分，以充分意识到我们的存在。"这段话告诫我们要珍视生命、享受生命、延长生命。

芳香美容师在与顾客交流的过程中要讲究语言接待技巧，同时注意倾听对方的信息和感觉，如果不倾听就无法满足顾客的要求。

1. 电话咨询

（1）检查自身接听电话的态度。接听电话的态度会影响工作效率。

（2）电话咨询往往是顾客与芳香美容院的第一次接触。顾客往往是通过电话咨询对接听者及该芳香美容院的办事效率、沟通技巧、服务态度、友好程度及专业知识形成第一印象，并马上得出结论。

（3）迅速作答并随时准备处理来电。

（4）使用礼貌称呼。要用比较正式的称呼，如先生、女士、小姐。讲究礼节能提高芳香美容师的可信度。

（5）感谢对方来电。"谢谢"是在人际关系中最有力的措辞，因而要不失时机地表达感激之情。芳香美容院应该把它作为一句问候语，如"谢谢您打来电话"，谈话结束时使用"感谢您打电话来"也可强有力地提高顾客的满意度。

（6）让谈话得体而有效。不要说任何让对方觉得接听者不专业或不热情的话语。

（7）说话清晰明确。话筒与嘴唇的距离适当，表达清晰明确，给人以清新且真诚的感觉。

（8）说话自然而愉快。与顾客沟通时，语气要友好，应答自如。

（9）清晰有力的声音具有巨大的效力，它能传达出自信及极强的可信度。

（10）不要出现"冷场"。始终让顾客知道接听者在倾听。

（11）愉快而准确地记录顾客留言，完整填写留言条，以避免可能出现的沟通上的问题。

（12）在挂断电话前要确定谈话已经结束，让谈话有一个愉快而有效的结尾。

2. 当面咨询

对顾客进行服务之前，要从特别咨询开始，对顾客进行一次整体且彻底的了解，针对其症状调配精油，从而达到理想的保健目的，最重要的是让顾客在感官意识上得到放松。

（1）拥有丰富的专业知识。咨询时，要体现出芳香美容师丰富的专业知识。护理之前，一定要做详细的健康咨询，准确地选择精油及护理项目，才能达到迅速而良好的治疗效果，同时取得顾客的信任。

（2）情绪稳定。尽量控制自己的情绪，保持心境平和，才能更好地为顾客服务。

（3）顾客更在乎芳香美容师的谈话态度。

（4）表情传递含义：

1）头部向上表示希望、谦逊、内疚或沉思。

2）头部向前表示倾听、期望或同情、关心。

3）头部向后表示惊奇、恐惧、退让或迟疑。

4）点头表示答应、同意、理解和赞许。

5）头一摆表示快走之意。

6）脸上泛红晕一般表示羞涩或激动。

7）脸色发青、发白是生气、愤怒或受了惊吓异常紧张的表情。

8）皱眉表示不同意、烦恼甚至是愤怒。

9）扬眉表示兴奋、庄重等多重情感。

10）眉毛向上扬、头一摆表示难以置信，有些惊疑。

11）用手摸鼻子表示困惑不解，事情难办。

12）双手置于腿上、掌心向上、手指交叉表明希望别人理解并给予支持。

13）用手拍前额以示健忘。如果用力拍前额则是自我谴责，后悔不已的意思。

14）耸耸肩膀，双手一摊表示无所谓或无可奈何、没办法。

15）眼睛正视表示庄重。

16）眼睛仰视表示思索。

17）眼睛斜视表示轻蔑。

18）眼睛俯视表示羞涩。

二、行为接待技巧

1. 迎顾客

（1）从容相迎。营造一个舒适的环境，使顾客置于无压力的环境中，顾客自然会放松心情，听取芳香美容师的建议。

（2）良好的姿态。良好的姿态会给人以自信的感觉，赢得顾客最大程度的信任。

（3）亲切礼貌。随时微笑迎人，以展现友善和责任心。

2. 待顾客

（1）说话幽默，善用赞美语言。

（2）营造愉快的咨询气氛。

（3）诚恳待客，用热情的眼神传递信息。

（4）语言和气简练。

（5）肢体语言是一种无声的语言。

（6）仔细聆听，坦然认错。

（7）快速了解问题并妥善解决。

3. 送顾客

（1）为了使芳香效果明显，令顾客满意，在送走顾客时，应建议顾客持续护理，以便达到最理想的效果。同时还应建议顾客除了到芳香美容院护理外，再买一些适合的专业芳香护肤品及精油，以便居家使用。

（2）坚持真实诚信原则。真实诚信在美容院服务中是最重要的，也是最关键的原则。

（3）当顾客离开时，如果能感觉到顾客眼神含着微笑，说明其认可该芳香美容师的服务。

（4）最后致谢。

本章测试题

一、单选题

1. 合格的美容师应具备技术性、（　　）、艺术性等专业素质及道德素养。

    A. 特殊性　　　　B. 专业性　　　　C. 服务性　　　　D. 职业性

2. 芳香美容师既要学习专业芳香疗法课程、解剖学、生理学、心理学的基本知识，又要接受专业按摩训练，还要具备（　　）。

    A. 旺盛的精神　　　　　　　　B. 强健的体魄

    C. 高度的服务热情　　　　　　D. 吃苦耐劳精神

3. 芳香美容师在专业知识方面要学习解剖学、生理学、（　　）的基础知识。

    A. 形象设计　　　　B. 教育学　　　　C. 心理学　　　　D. 环保学

4. 芳香美容师在技能知识方面要接受芳香疗法技能课程及（　　）的专门训练。

    A. 美容基础操作　　B. 形体课程　　　C. 专业按摩　　　D. 文明用语

5. 芳香美容师和美容师除掌握各自专业的技能和知识，还须熟知经营管理知识、医学常识、美学知识、（　　）等。

    A. 美容师操作流程　　　　　　B. 财务技能

    C. 化妆品鉴定方法　　　　　　D. 文秘技能

6. 芳香美容师在接受芳香疗法课程学习之前，必须进行（　　）学习，并在美容师行业中取得一定的资历。

    A. 美容师操作流程　　　　　　B. 财务技能

    C. 美容师基础课程　　　　　　D. 文秘技能

7. 芳香美容师要具有（　　），乐于助人。

A. 文秘技能　　　B. 同情心　　　　C. 财务知识　　　D. 文明用语

8. 芳香美容师要保持适度睡眠，适量饮食，保持精力充沛，（　　）。

A. 紧张的工作情绪　　　　　　　B. 良好的身材

C. 身心愉快　　　　　　　　　　D. 美丽的妆容

9. 顾客电话咨询时，会对接听者的服务态度、沟通技巧、办事效率及（　　）形成第一印象，并马上得出结论。

A. 说话声音　　　B. 以外话题　　　C. 专业知识　　　D. 谈话内容

10. 在对顾客做精油护理前，首先要对其（　　）。

A. 温文尔雅　　　　　　　　　　B. 热情服务

C. 进行详细、全面的咨询　　　　D. 讲笑话

二、判断题（下列判断正确的请打"√"，错误的打"×"）

1. 芳香美容师和美容师不是相同的职业。　　　　　　　　　　　　（　　）

2. 任何学过芳香疗法课程的人都可以从事芳香疗法的工作。　　　　（　　）

3. 芳香美容师具备特殊性，无须具备美容师的专业素质。　　　　　（　　）

4. 一名合格的芳香美容师必须有爱心和耐心。　　　　　　　　　　（　　）

5. 在学习芳香疗法课程前，必须学习美容师基础课程。　　　　　　（　　）

6. 在美容师行业中愿意继续深造、不断钻研的人员才能学习专业芳香疗法课程。

（　　）

7. 芳香美容师要乐于学习、心智健全，不断提高自身素质。　　　　（　　）

8. 芳香美容师要礼貌待客，服务周到，仪表端庄，谈吐文雅。　　　（　　）

9. 芳香美容师要掌握正确的专业知识，可以出售经稀释、价格较低的精油产品。

（　　）

10. 芳香美容师在工作中，步伐要与呼吸配合成有规律的节奏。　　　（　　）

三、简答题

1. 芳香美容师与职业美容师的区别有哪些？

2. 芳香美容师的保健规则有哪些？

本章测试题答案

一、单选题

1. C　　2. C　　3. C　　4. C　　5. C　　6. C　　7. B　　8. C　　9. C

10. C

二、判断题

1. √ 　 2. × 　 3. × 　 4. √ 　 5. √ 　 6. √ 　 7. √ 　 8. √ 　 9. ×

10. √

三、简答题

1. 答：专业的芳香美容师有别于传统美容师。合格的美容师应具备集技术性、服务性、艺术性等于一身的专业素质及道德素养。

芳香美容师除了应具有美容师的专业素质外，还应具备芳香专业的特殊资格，具有高度的服务热情，既要学习解剖学、生理学、心理学的基本知识，又要接受专业按摩以及芳香课程的专业培训，才能成为一名真正的芳香美容师。

2. 答：遵守保健规则，保持积极热情的工作态度，注意克服不良情绪，有助于芳香美容师塑造优秀的专业形象。

(1) 养成清洁习惯，注重仪容，细心保养。

(2) 讲究口腔卫生，常漱口，定期做牙齿及身体检查。

(3) 具有良好的服务姿态，微笑、热情服务。

(4) 放松心情，适度运动，充满活力，振作精神。

(5) 适度睡眠，适量饮食，保持精力充沛。

(6) 每天沐浴，保持身体清爽，身心愉快。

(7) 保持头发清洁及光泽，眉毛应修饰整齐，不要浓妆艳抹或疏忽化妆技巧。

(8) 穿着合体的棉麻面料工服并保持服装整洁，选择软底、舒适、合脚的鞋子。

(9) 保持手部清洁，指甲必须细心修剪，不可涂抹指甲油。

第 2 章

芳香美容概述

第 1 节 　 芳 香 美 容 基 础 知 识

 学习目标

➤了解芳香美容的概念及渊源

➤熟悉芳香美容的理论基础

➤掌握芳香美容工作的目的及意义

➤能够认识精油及体会精油对身心的影响

 知识要求

从古至今，人类从来没有离开过植物。无论什么时代、什么地方的人，都喜欢食用气味芬芳甜美的植物，古代人有时还会用一些颜色艳丽的花朵装扮自己及他人。

在注重环保、崇尚自然的今天，植物精油在我国运用于美容美体方面，借鉴于我国传统的自然养生护颜理念，从改善和调理皮肤健康的理论角度，由改善身心健康状态为前提，使面容娇艳、健康的方法，称为芳香美容。

一、芳香美容起源

芳香美容专业理论来源于芳香疗法。

1. 芳香疗法

芳香疗法（Aromatherapy）是一种以预防、保健及调理为主的自然整体疗法。采用植物的花朵、木材、灌木、叶片、树枝、种子、根、树脂等提炼出的精油，经由深入学习及训练的专业人士，针对症状进行针对性的调配，所调制的复方精油用于相应的治疗或护养方式，在身体不排斥的状态下使其被吸收，最终可改善、影响人们的身体、精神，使不适症状得以改善，从而达到身心健康的目的。同时，此方法也是一门使用植物治疗和预防疾病的科学及艺术。

Aromatherapy（芳香疗法）是 20 世纪才出现的单词，由表达香味、芳香意思的单词"aroma"和表达疗法、治疗意思的单词"therapy"结合而成。其基本意思是指使用植物各个部位提取出的精油，促进身心健康以及美容，其最大特征就是在改善身体、皮肤状况的同时，着重于"心理"的调整、改善。

芳香疗法属于自然疗法领域，由人类在生活中对自然界的了解而形成。因此，它的基本原理与药草植物医学、顺势疗法、针灸治疗等有共通之处。但因其是辅助性的方法，不能取代正统医疗的方法。芳香疗法的前身是药草学。药草学可以说是人类历史上最古老的防病治病及调养身体的基本方法。在蒸馏精油技术尚未出现前，人们一直将能萃取精油的芳香植物作为药材，以预防和改善患者病情。芳香疗法吸收了东方医学"身心一致"的思想，将印度医学、中国医学（包括中国藏医学）理论融合进来。

2. 芳香美容

芳香美容以芳香疗法理论为基础，将自然界植物萃取的植物精油融入及运用到美容护肤品、美容护理之中。芳香美容是一种从内调节身体和情绪，使皮肤达到由内养外的美容科学。

二、精油进入人体的途径及作用

1. 嗅觉传达

当人呼吸时，香气中的芳香分子会进入鼻腔，附着在嗅觉末梢神经细胞上，并且芳香分子特有的化学物质会转变成神经传导信息，直接送到大脑前叶的嗅觉中枢，触动脑部边缘系统，可以改善一个人的工作表现及记忆力，还可以改善情绪，可控制、调节身体行动，如情绪、嗅觉和内脏的自律神经。也就是说，强烈气味是影响一个人的意识、思考、行为和喜怒哀乐的原因，其中视床下部是控制体温、睡眠、生殖、物质代谢等自律神经的中枢，相邻的脑下垂体（掌控荷尔蒙的分泌）也会起反应，引起身心的变化，以神经调节方式控制腺体分泌荷尔蒙来调整人体生理状况，并达到舒缓、提神、兴奋或刺激等效果，如图2—1所示。

2. 皮肤渗透

精油对皮肤有着极佳的渗透性。因为植物精油纯度极高，分子极小，所以渗透作用很强。精油在深入皮肤组织后，精油分子会穿透表皮层与体液融合，然后进入真皮层的微血管，进而进入身体血液循环，这些微小的芳香分子最终会到达目标器官。

三、排泄途径

精油的排泄有4个途径。

1. 皮肤排出

精油分子残渣通过附着在皮肤表面的汗腺和皮脂腺排出体外。

2. 肺排出

呼出的二氧化碳能够把精油分子残渣从肺部带出体外。

图 2—1　嗅觉传达

3. 肾排出

肾脏中的精油分子残渣可以通过泌尿系统通道排泄。

4. 肠道排出

精油分子残渣可以在大肠和直肠中脱水后通过肛门随粪便排出。

精油可以及时排除体内的毒素和废物。以按摩和沐浴的方式，可将植物精油应用于皮肤后散布全身，人体废物经肺和肾排出体外，精油也能够抑制感染、毒素扩散，可减缓体内病菌的快速繁殖，如图 2—2 所示。

四、初步体会精油及操作

植物精油可以从药理、生理、能力三个层面帮助人们达到身心平衡与健康的目的。初步体验精油由嗅闻开始。

1. 操作准备

准备萃取植物各个部位的精油：

（1）花朵——玫瑰、茉莉、洋甘菊。

（2）茎叶——罗勒、快乐鼠尾草、马郁兰、迷迭香、欧薄荷、广藿香。

（3）果实——柠檬、葡萄柚、佛手柑、莱姆、甜橙。

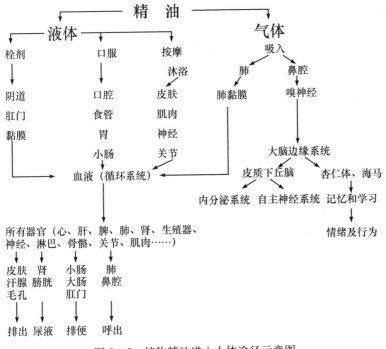

图 2—2 植物精油进入人体途径示意图

(4) 根——姜、岩兰草。

(5) 种子——茴香、黑胡椒、豆蔻。

(6) 木杆——檀香、香柏木、花梨木。

(7) 树脂——乳香、没药、安息香。

2. 操作步骤

(1) 取同一部位萃取的精油，分别嗅闻，感受其味道及其区别，认识精油，记住味道。

(2) 取不同部位萃取的精油，分别嗅闻，深层次地感受精油对身心的影响。

3. 注意事项

(1) 必须选择浓度为 100％ 的植物精油，确保纯度。

(2) 打开精油嗅闻时，需将其放在距离鼻子 1 尺的下方，从左向右在鼻子前来回过 3 次为宜，不可过度吸入，嗅闻完毕须马上盖紧精油瓶盖，以免灰尘进入精油瓶内，同时避免精油无故挥发掉。

(3) 不可以将精油直接滴在皮肤上，以免皮肤被灼伤。

第 2 节　芳香疗法的发展简史

 学习目标

➤了解芳香疗法与人类共存条件下的发展
➤熟悉芳香疗法深入人类生活各个方面的作用与意义
➤掌握芳香疗法近代发展的具体年代

 知识要求

一、芳香疗法起源

芳香疗法源远流长，人类将植物精油应用在人体上的历史起源已无从考证。在人类历史的初期，我们的祖先就会运用嗅觉及视觉来判断周围植物是不是他们正在寻找或是可以食用的植物，逐步了解哪些植物吃了会中毒、会导致腹泻或呕吐，而哪些植物吃了可以帮助消化，可以充饥疗病。经过长期进化，植物的治疗功效才逐渐被人们所重视。

1. 古埃及与芳香疗法

在人类历史发展过程中，最先广泛使用植物精油的是在古埃及时代，运用芳香疗法是当时的一种生活方式。

（1）当时人们用焚烧芳香植物的方法来驱赶魔鬼，敬拜大地或太阳，庆祝敌人的死亡和失败，以及庆祝婴儿的诞生。人们当时会自然地认为芳香植物如树脂（乳香）和树胶（没药）具有某种法力，可作为祭品向神献祭。

（2）在埃及的人面狮身像底座上，一块花岗岩石板记载着土木斯法老用精工制作的香膏献给狮身神的事迹。在第 18 王朝后的 1 500 年间，埃及人在芳香植物以及调制香膏、香水的知识方面不断进取。1897 年，考古学家在墓穴中发现了盛满香膏的石膏花瓶，其中还依然透着香气。在古埃及第 18 王朝的文献中，记载着大量使用药草的丰富知识和香膏的美容配方。令人惊奇的是，这些配方与现代的天然美容配方有很多相同之处。

（3）埃及人很早就知道萃取花精的技术，他们从白百合花中萃取花精（不知当时萃取的是精油还是纯露），与其他植物花精相混合，静置到凝固后，涂抹在面部及全身，便会发出淡淡的清香。待第二天洗去后，皮肤不但柔软润滑，并且香味仍不散去。

（4）古埃及人还利用一些有防腐作用的精油保存尸体，如埃及人在制作"木乃伊"的过程中使用雪松（香柏木）精油就被详细地记载下来。雪松精油、没药精油以及其他芳香植物油在"木乃伊"制作过程中的使用，进一步证明它们具有防腐作用，也更进一步说明古埃及著名的"木乃伊"与芳香精油的使用是不可分割的。古埃及的统治者相信，只要尸体能够保存完整，人死后可再生，轮回成人。所以古埃及人已发现芳香植物精油可防腐，并用于"木乃伊"制作上了。

（5）充满传奇色彩的人物"埃及艳后"（克丽奥佩拉）对芳香精油情有独钟。传说她并不是一个绝色美女，但她会巧妙地运用香味装扮自己。她经常用植物精油浸浴。据记载，她曾耗费巨资制作香品，只是为了手部肌肤能柔软芳香，甚至每次在与情人约会的房间内都布满玫瑰花瓣，以显示出她的魅力，增加她对男性的吸引力。

2. 古希腊与芳香疗法

古希腊盛世时，医药成为一门严肃、科学的学问，芳香疗法成为当时最为提倡的治疗方法之一。

（1）古希腊人向古埃及人学会了很多精油的调制、使用方法，以及与芳香疗法相关的药物知识，并以古埃及人的成就为基础继续深入研究，对芳香疗法有了更多的新发现。古希腊人相信，所有芳香的植物都是属于神的，据希腊神话中所说，人类所提炼的芳香精油也都归功于神。

（2）远古时期被萃取花精的花朵，唯一被认定的就是玫瑰，由此，玫瑰精油也就成了精油之王。古希腊人还注意到某些植物或花的香气会振奋精神，某些植物或花会让人放松而使人感到非常愉快，利用其属性，他们将这些植物和花朵所萃取的精油与橄榄油混合制作成药物和化妆品。

（3）对于古希腊人所追求的健康概念而言，身体上不同的部位涂抹不同功效的精油，将产生不同的效果。例如，有时会将精油涂于脚部，他们认为涂于头部精油会很快散去，涂于脚部会感传全身；有时会将精油涂于胸前，他们认为心脏在此处，无论身体或是情绪都会受益；古希腊大多数士兵都随身携带着没药药膏，以方便在战场上及时治疗伤口。

（4）古希腊人将医学的观念由半迷信提升为科学，归功于公认的"医学之父"——希波克拉底。他的信念是"健康之道是建立在每日的精油泡澡和按摩基础上的"，并指出精油沐浴和按摩能使人保持生理及精神上的健康。于是，每日一次的精油沐浴和精油按摩成了他的养生之道。这也是今日芳香疗法的中心原则。素有"植物学之父"之称的泰奥弗拉斯托斯在他的著作《植物史》中将植物分为冷、热两大类，他的理论是用植物来调节身体内部，恢复体内各个器官的正常平衡。

3. 古罗马与芳香疗法

在古罗马鼎盛时期,古罗马人使用香膏比希腊人更奢侈。

(1) 古罗马人将很多名贵香料混合,涂在身体、头发、衣服、床单,甚至墙壁上。此外,在按摩身体时也使用大量含有植物精油的香膏,无论在家中还是在公共澡堂中沐浴都经常使用香膏。

(2) 聪明的古罗马人从古希腊聘请了许多有名的医师,让他们担任当时的军医和御医,他们也都写下了植物药学治疗方面不朽的著作,其中有部分被翻译成阿拉伯文。而在古罗马帝国灭亡之后,部分幸存的罗马医药师将这些不朽的经典著作和自身精湛的医学临床知识及技能全部翻译成阿拉伯文,在不断的文化交流过程中,古希腊、古罗马建立的植物医学知识便广泛地传播到阿拉伯世界。

(3) 在阿拉伯医学书籍中详细地记载了当时药草收集、制作及治疗的整个过程。奇怪的是,古希腊人和古罗马人都没有提到怎样蒸馏精油。如果古埃及人知道蒸馏精油的技术,那么很多方面都可以证明他们一定没有传给他人。直到古罗马人征服埃及王朝 1 000多年后,蒸馏技术才再度被人们所发现。据考古学家在较早时代遗迹中的发现证明,在芳香疗法的历史上,阿拉伯最伟大的医师阿比西纳最大的贡献就是发明了蒸馏精油的技术,准确地说是改进了蒸馏精油的技术。

(4) 现在英格兰有许多欧芹、茴香等植物都是罗马军队的士兵将随身携带的植物种子种在当时宿营的地方,这便是他们经过欧洲的足迹。

(5) 在罗马帝国的鼎盛时期,据说有一条街云集着植物精油的制造商,这一时期所生产的植物精油原料非常昂贵,时至今日,精油的价值仍然十分昂贵。另外,在当时从事生产植物精油的工作也是相当高贵的职业,仅为极少数人所独占,而且对从事此项工作人员的管理也非常严格。

4. 古印度与芳香疗法

据说,正是由于古巴比伦人大量使用精油,才促成早期南阿拉伯地区的繁荣发展,因为当时的南阿拉伯地区是与印度往来贸易的重要地区。

(1) 印度人对植物的应用反映出其特有的、持续的宗教观念以及独特的哲学观念。在印度最古老的宗教典籍中记载了对药草治疗的肯定,当时印度药物都是由植物制成的,充分反映了印度宗教的素食精神。印度人对药草的管理和组织也是严肃的,他们极力主张在采集药用植物的过程中须注意以下事项:只有纯洁、善良的男人才能采收药草,并且采集前不能进食;栽种药草的地点要远离人群,同时也要远离寺庙等神圣的地方,更不能靠近坟墓;药草要种植在肥沃、排水良好的土地上。因而印度的药草是亚洲最名贵的药材之一,在一些西方药房中也会找到印度药材,由此奠定和发扬了传统印度医学。

（2）印度最早的药草书大约是在埃及王朝末期完成的，书中大量记载了药草的使用，其中有印度最常见的檀香木的使用。在当时，檀香木除了可以用于焚香外，还可以应用在宗教和美容上。例如，在印度的宗教仪式上，檀香木可以涂抹在国王以及高级祭司的头顶上；印度的一个美容配方里就有檀香、芦荟、玫瑰以及茉莉等植物精油，时至今日，在现代的芳香治疗中，仍保留着古印度所使用的配方。

5. 传统中医药学与芳香疗法

中国人也在很早以前就开始使用香料了，历史甚至比埃及还要早。

（1）最早的中药学专著《神农本草经》问世已有 2 000 多年的历史。神农尝百草，利用药草治百病，而不少草药本身就是香料，体现了香料在医学上的应用价值。中国人比埃及人更早使用植物草药进行治疗。

（2）中国人把大自然的一切总体分为阴和阳，将大自然的现象按规律分为五行，即金、木、水、火、土。从中国人的草药治疗理论来讲，干及热的特质属于阳，五行属火；冷及湿的特质属于阴，五行属水。如此运用中医的阴阳五行学说对病人进行整体治疗以达到平衡状态。

（3）《黄帝内经》是中国最早的一部医学经典著作，至今已有 2 000 多年的历史。另一部药学经典著作《本草纲目》中记载了约 2 000 种药材（大多是植物）以及 8 160 多种药方，显示了中国人当时利用草药的程度，远远超过了其他国家的传统医学。医书中还大量记载着皇室使用的植物具有镇静、止痛等功效，其中有很多植物草药的医疗功效已获得现代科学的确定。

（4）中国人发现品茶可以治疗感冒、头痛和腹泻；在中国民间，家中悬挂芳香植物或点燃香料植物来驱邪避瘟、提神醒脑的习惯由来已久；点燃天然檀香木及松木来陶冶性情，舒缓紧张压力；许多朝代的皇室贵妃们与埃及皇后一样都喜欢用天然花草沐浴。据说长期使用能够使皮肤更加细嫩光滑，永葆魅力和青春。

二、芳香疗法发展

众所周知，植物治疗疾病的历史由来已久。在长期的经验积累中，人们逐渐察觉了植物的药效并发展了草药知识。

1. 近代世界各地芳香疗法的发展

在非洲，人们在身体上涂抹香膏也十分盛行，以减轻因阳光暴晒而产生皮肤干裂的情况。他们还会涂抹用香木薰过的椰子油和棕榈油。其他热带地区的人们在每天洗完头发后，也都会抹上一种用椰子油和檀香混合而成的护肤香膏。

13 世纪十字军东征，他们从阿拉伯人那里学会了用蒸馏法提炼精油和纯露。"阿拉伯香水"其实就是精油，其盛名由此传到了整个欧洲，其中玫瑰纯露最受欢迎。起初欧洲的香水配制参照东方气味，直到 13 世纪末期，欧洲人才发现自己的需求，随即大量种植薰衣草和迷迭香等，薰衣草纯露曾一度非常受欢迎。同时也出现了用蒸馏法来处理植物和花朵的方法。此种方法来自于古印度。

14 世纪，由于战争、瘟疫蔓延，在卫生环境恶劣的情况下，人们只能燃烧植物，使精油从植物中挥发出来，降低空气中的细菌含量，以此来改善并防御"黑死病"及感染症状（当时的黑死病摧毁了欧洲一半的人口），这也属于芳香疗法。此方法是天然的消毒、杀菌方法。由于东征，这些方法传遍整个欧洲。随着文艺复兴，哥伦布于 1492 年登陆了巴哈马，美洲的许多新植物也传入了欧洲：印加人所嚼的可可叶，从南美传入；加拿大香脂与秘鲁香脂传入欧洲；土著与北美印第安人的治疗性植物随后也传入欧洲。

据考证，第一瓶香水问世于 15 世纪，在当时有"美妙水"之称，后来人们又研制出"法利那古龙水"，这种古龙水被证明具有良好的消毒作用。许多文献中都记载了精油的知识以及制作方法，此时制造精油的方式似乎已有很多种，其中包括薰陆香（与乳香相近）精油的制作和使用，此精油可治疗身体内部问题；胡薄荷精油的制作和使用，此精油可帮助怀孕；此精油芸香精油的制作与使用，此精油可用来治疗腹部疼痛。

16 世纪中叶，法国女王凯萨琳从意大利引进了戴香料手套的风尚。由于法国阿尔卑斯山盛产薰衣草和各种药草，当时很多商人随着时势变化，放弃原来的职业，专门生产精油。后来人们发现，在霍乱盛行时期的巴黎和伦敦，喜爱戴芳香手套的人免疫力比一般人高。从此人们给孩子戴薰衣草包，把薰衣草粉撒在衣服上，一方面让衣服散发清香，另一方面用以防蛀虫。欧洲皇室最钟情于薰衣草，也是它最大的主顾，伊丽莎白一世的编年史中记载"女王陛下洗澡必用薰衣草，不管她是否需要"。

瘟疫是中世纪非常严重的灾祸，17 世纪有一位医学家发明了一个配方，她主张使用会散发出微量硫的植物，它们包括松木、胡椒、乳香、安息香等，还有一些芳香植物的根部和枝部，使它们的香气发散在空气中，人们以吸入香气来预防瘟疫。17 世纪是英国药草学的黄金时代，人们对药草学的认识更进了一步，甚至超过化学。

17 世纪末至 18 世纪，精油才被广泛运用在医疗上。1696 年所罗门写的药方大全中，有一个配方被称为"中风香精"，成分包括玫瑰、薰衣草、肉桂、丁香、柠檬等芳香植物。1722 年有一位药草植物学家在其所写的《药草》一书中，提到了很多精油，其中有 13 种精油被官方认可，这些精油包括洋甘菊、肉桂、茴香、杜松、迷迭香等，还有 4 种是由官方认可的浸泡油，包括玫瑰、洋甘菊、没药、肉豆蔻。

2. 芳香疗法与西方医学

19 世纪和 20 世纪上半叶，化学药物可以帮助人类治疗疾病的功效已被肯定，人们对很多药物都抱有很大希望，但像感冒等疾病仍会经常发生在人们的身上。芳香疗法所使用的精油虽然不能取代一般的药物，但它对身体上的多种不适有预防和缓解作用。使用精油的正确方法是吸入、沐浴、按摩。精油和草药不能混为一谈，虽然它们有着共同的起源，但是草药通常使用的剂量偏大，其药效比较弱；而精油是高度浓缩的，所以使用量很小。草药无法取代芳香疗法的作用，其秘诀在于精油本身的有机物质。每一种精油的化学结构十分复杂，所以具有多种功能，它们不像人工合成的香精，仅具有单一性功能。植物精油都具有可刺激白细胞产生的共同点，而白细胞的功能是保护身体，抗御病菌对身体的伤害。当时，精油对人体而言是最佳、最无害的天然抗生素，对人体具有独特的药理作用。19世纪，很多精油的研究比以前更科学，精油仍用在治疗上。此时，传统草药处方的疗效被进一步验证。

抗生素被发现以后，草药和精油被化学药物所代替，但精油的疗效却越来越经得起科学的检验。人们首先将精油作为化妆品中的抗菌剂，很快发现，许多精油的抗菌作用比一些化学抗菌剂的作用更大。1928年，法国化学家加德佛赛博士在一次实验中，因意外小爆炸烧伤了手，匆忙中把手插入一盘盛满的薰衣草精油中，事后他发现精油使皮肤痊愈的能力比想象中高出几倍，而且皮肤没有留下疤痕。其实，早在200年前，薰衣草就被瑞士人用做治疗毒蛇咬伤的抗菌药了。

加德佛赛博士传人之一——化学家摩利把加德佛赛的研究带进了一个实用领域，发明了很多配方用于不同症状。摩利曾讲过："我们不主张口服的方法，口服方式是不正确的，因为纯剂和精油对人体黏膜有极为明显的刺激作用，这也正是精油的一大缺点。然而精油借助于皮肤渗透所产生的扩散效果是较为温和的，容易控制，所以在使用时剂量必须要精确。"历经数年，摩利将很多时间花在教学上。在她过世之前，已训练出许多熟悉她所发展的特殊技巧的芳香治疗师。后来，这些芳香治疗师逐渐受到世人重视，摩利居功始祖，她发展了一套以按摩为基础的芳香美容疗程。她的学说提到：大自然中存在的能量以最纯正、原始的方法转嫁到人类身上、精神上以及保养上，这就是芳香治疗的宗旨。

19世纪20年代和30年代，在意大利也出现一些研究芳香疗法的学者，他们研究的范围是精油在护肤和药用上的运用以及对心理的影响，就此认识到精油在疗程中的潜力；在米兰植物研究中心，也有研究利用精油治疗忧郁症和沮丧状态的医生；近几年，英国政府才将芳香疗法视为一门科学，在这之前，芳香疗法一直广泛流传于民间，被人们作为一种整体疗法使用。

芳香疗法与现代医学的区别在于它的治疗哲学是注重内在精神，讲究预防科学，而且它着重强调全面治疗，并不只是重视病痛症状，而是整体调和失调问题，因为人体是一个功能彼此调和的整体系统，而非零星地由部分堆积而成的个体，而伤痛疾病往往是心理症状表现，因为人的生理和心理不分彼此。

在人们崇尚自然、追求返璞归真的今天，芳香疗法又回到我们身边。近几年来，纯天然植物及精油治疗技术重新受到关注，人们以更科学的方法去研究它，令这种古老的天然疗法实现现代化。

当今人口密集、自然环境遭到破坏、空气水质被污染，这给人类带来了无形的精神压力和身体的危害，产生了一大批亚健康状态人群，此现象已受到世界医学界的重视。人们在生活观念上，不但追求身体及精神健康，更加讲究生活品质。因此，芳香疗法有了用武之地，主要表现在化妆品及美容、餐饮及烹饪、制造良好环境及生活情趣等方面的应用，同时又给整个经济社会创造了商机。

目前，以植物为医药几乎是全球性的，利用精纯的植物精油来为人体进行保养、保健的方法，最近有越来越流行于各个科技先进国家的趋势。现代的百货公司、药店、化妆品专卖店以及美容中心都提供各式各样的精油产品、高档香水及古龙水（见表2—1）。

表 2—1　　　　　　　　　　现今世界各国对植物精油的应用与发展

国家	应用与发展
法国	在法国，使用精油已成为现代医学疗法的分支领域，药剂师会根据医生的诊断，调配出相应的精油处方，对患者的疾病进行治疗
英国	英国人将治疗的焦点集中在将调好的植物精油应用于按摩疗法上
德国	德国人将草药治疗与食品及饮食的调理相结合，由专业自然疗法师及营养师进行临床针对性治疗
美国	美国人着重心理疗法，借此消除紧张的经济所带来的心理负担和精神压力 1. 美国有许多芳香治疗专门店和精油日用产品专卖店 2. 高档百货公司设有精油产品专柜，精油品种也十分丰富
日本	日本人把植物精油对脑神经刺激的功能应用在建筑体系中央空调系统中 1. 铁路火车司机戴上有薄荷味的手套，以防止打瞌睡 2. 在大的会议室内，以背景香味来增强会议效果 3. 内田洋行办公室中，早上散放茉莉花醒脑，傍晚散放薰衣草安神

3. 芳香疗法与饮食

来自于大自然的精油在饮食方面也被人们广泛使用。

（1）在烹饪方面，精油也是调味品之一。每道菜只要加上精油，味道就会变得更加鲜美。例如，在烹饪或品尝牛排的过程中，以往人们都会将柠檬水或柠檬果汁洒在牛排上，此时柠檬精油可使牛排风味更佳；在烧制红烧肉时，在卤汁或油里加上草药类精油，其味道更胜一筹；制作沙拉酱、调味酱、点心时使用精油，使味道更具特色，非常可口。烹饪使用精油的例子不胜枚举。风味纯正、清爽是精油调味的一个特点。

（2）精油能够帮助消化，提供营养。精油含有维生素、稀有元素等，食用后不但能够抵抗病菌，而且具有调理的功效，起到天然预防、保健的作用。食品加工业也广泛使用精油，利用精油创造不同口味的糖类及饮料，如薄荷口香糖、柠檬味道的巧克力、柚子味道的奶油蛋糕、冰淇淋、可乐、柠檬雪碧等。

（3）在食用精油时千万不能过量，因为精油是浓缩的液体物质，在烹饪时使用精油的目的是加强食物的天然味道。用于饮食方面的精油可分为四大类：药草类、香料类、水果类、花卉类。这些精油可以在汤、开胃菜、卤汁、肉、鱼、蔬菜、沙拉酱、米饭、面包、蛋糕、点心以及糖果中有针对性地使用。

（4）香料植物提取物精油中含有多种低分子的抗菌物质和抗氧化成分，是果蔬类的天然保鲜剂，可以最大化地保持果蔬中的水分和营养，能更有效地抑菌防腐。低分子的抗菌物质肉桂酸、阿魏酸、咖啡酸、桂醛、香茅醇、百里酚、丁香酚等可抵抗大量细菌、霉菌和酵母菌，有效地抑制细菌的生长，避免使用或减少添加人工合成防腐剂，使食物更具有安全性。

4. 芳香疗法与化妆品

世界上最昂贵的护肤化妆品都是以精油和其他天然成分作为添加剂，其主要作用是作为活性元素，同时也作为防腐剂。

（1）在商业社会，作为商业用途的各类化妆品成分中，化学成分占据主导地位，也有一些陆地动物油以及海洋动物油成分。其中的某些物质会引起严重的副作用，问题性皮肤层出不穷，其根源值得各界人士思考。在维持生态平衡、回归自然、讲究环保的今天，植物精油是能够很好地解决人们皮肤问题的物质。

（2）历史悠久的文明国家都不同程度地将芳香精油应用于化妆品中，由当时或当地人民发展出的各类型植物民俗疗法，都可视做芳香疗法的前身，从相关植物民俗疗法中可探寻出化妆品的应用史。

（3）罗马时代就有喜欢芳香沐浴的文化。罗马人不仅将具有香气的植物浸水用来沐浴，也会将各类植物浸泡油或香脂涂抹于身体以增加人体的芳香气味。

（4）法国、德国皆有使用古龙水（Eau de Cologne）的历史。最早的古龙水是由 3～4 种植物精油混合调配而成，通常是将柑橘类和草本类植物精油配比，再将其混入高纯度伏特加酒（Vodka）中，这是最古老的制作方法；拿破仑时代更是将美化人体气味的古龙水发展到极致，据记载拿破仑总是随身携带古龙水，即使打仗也不例外，他一年需消耗 600 瓶古龙水，以至于影响后来使用在脸部保养的化妆水和爽肤水的产生。

（5）"匈牙利皇后水"也是早年芳香疗法用于化妆品的体现之一。14 世纪，匈牙利王国的皇后以 2～3 种芳香植物精油调配成"匈牙利皇后水"，它具有优异的抗老回春功效，能使人常葆青春。现今，精油在化妆品中的使用已相当普遍，从清洁沐浴用品到彩妆用品，皆可看到精油的身影。植物精油本身分子结构小，化学组成又具疗效，将它用于化妆保养品中可直接提升产品功效，对皮肤也没有副作用。精油可谓皮肤保养与彩妆美容中一项不可或缺的利器。

可以将植物油与精油混合制成洁肤和润肤化妆品。古罗马、阿拉伯国家的人们就利用此方法改善皮肤。干燥皮肤用玫瑰果油、小麦胚芽油、鳄梨油；油性皮肤用葡萄籽油、杏仁油等基础油。与柠檬、快乐鼠尾草、百里香、迷迭香、洋甘菊、薰衣草、天竺葵等精油混合制成皮肤清洁剂、收敛剂、面部保养油、面膜、护发剂、香水类化妆品，同时也可改善及预防问题性皮肤，可选择适当的精油添加在化妆品中，增强原有化妆品的自然功效。

5. 芳香疗法与环保

每个人都要珍爱养育我们的这块土地以及周围的环境，运用植物和植物所产生的各种效用，促进并保卫人类和大自然彼此息息相关的关系，就能把祖先留给我们的美丽地球传给子孙后代。

（1）在植物的世界里，香味代表的是生命和死亡。植物繁殖靠的是自身所发出的气味引来鸟儿和蜜蜂，花香越浓越容易招来蜜蜂和蝴蝶为它们授粉；水果的香气会吸引虫类的侵袭，使种子落到地上，等来第二年开花结果；具有毒性的植物所散发的气味，能达到保护植物自身的目的。科学家就此进行研究，证实了某些植物精油具有抗菌、抗过滤性病毒的作用，同时证实精油在植物中也发挥着同样功能。例如，在保加利亚，玫瑰会被种植在大蒜及洋葱之间，这种方法不但可以阻止昆虫的侵袭，还能增加玫瑰的香味。

（2）当今社会，现代化的大厦、高档别墅、住宅楼取代了满地的花草、树林，带有香气的植物无法满足全球市场的需求，因而化学替代品飞速地扩散到人们的生活与环境中。这些替代品无论从质地、功效还是对周围环境所造成的影响都不如植物精油好。

（3）使用天然植物精油，不仅有利于环保，也有利于人体自身的保健。减少使用化学合成物质，就会减少生产者对环境的污染。许多化学性香精、香料在生产过程中需要大量排放废气、废水与废溶剂，对自然环境会造成巨大破坏。进行芳香疗法也是对人体的一种保健，不同植物精油的芳香物质带给人们体内与体外舒适减压的感受，在嗅觉与触觉的激励下，有利于恢复人体机能的平衡，增强人体免疫系统与排毒系统的运作，从新陈代谢的生理途径达到健康与调养的作用，振奋精神，减少西药使用量与依赖，进而达到体内保健的作用。

本章测试题

一、单选题

1. 从古至今，人类生存从来没有离开过植物，都喜欢嗅闻或食用（　　）的植物。

    A. 没有味道　　　　B. 颜色暗淡　　C. 气味芳香　　　　D. 气味辛辣

2. 远古的人们祈求上苍，寻找灵丹妙药来（　　）。

    A. 解决温饱　　　　　　　　B. 容颜美丽

    C. 维持和保护自身的健康　　D. 强健体魄

3. 芳香疗法是利用不同功效的精油，通过专业人士的（　　），采用相应的方式进行。

    A. 不需调配　　　B. 特殊调配　　C. 直接涂抹　　　D. 不用稀释

4. 芳香疗法最大的特征是在改善身体、皮肤的同时着重于（　　）的调理及改善。

    A. 足部　　　　　B. 肌肉　　　　C. 心理　　　　　D. 发质

5. 在法国，芳香疗法已成为（　　）的一个分支领域。

    A. 美容　　　　　B. 健身　　　　C. 现代医学　　　D. 保健

6. 精油透过皮肤吸收采用的方法有按摩、沐浴法、（　　）、安敷。

    A. 喷洒　　　　　B. 饮用　　　　C. 直接涂抹　　　D. 熏蒸

7. 精油在气态下通过吸入，到达鼻腔、嗅神经、（　　）来改善情绪及神经系统。

    A. 肺部　　　　　B. 血管　　　　C. 大脑边缘系统　　D. 肺黏膜

8. 精油在液态下通过（　　）的方法，借以达到渗透的效果来改善皮肤、肌肉、神经、关节。

    A. 栓剂　　　　　B. 口服　　　　C. 按摩、沐浴　　D. 点灯

9. 芳香疗法是利用植物精油的天然性、抗病毒性、抗感染性及（　　）效能。

    A. 防腐　　　　　B. 香气　　　　C. 活性分子　　　D. 杀菌

10. 到医院检查身体没有异常现象，但自身却感到不适的状态，近年来将这种状态称为（　　）。

    A. 营养不良　　　B. 疾病状态　　C. 亚健康　　　　D. 神经异常

11. 古埃及时代，人们用焚烧芳香植物的方法来驱赶魔鬼，敬拜大地和太阳，庆祝敌人的死亡和失败，以及（　　）。

    A. 庆祝婴儿诞生　　　　　B. 祭祀

    C. 驱蚊   D. 薰香

12. 古埃及人利用一些有（　　）作用的精油保存尸体。

    A. 杀菌   B. 抗氧化   C. 防腐   D. 高渗透

13. 每日一次的（　　）和精油按摩是"医学之父"希波克拉底的养生之道，也是今日香薰法的中心原则。

    A. 涂抹香膏   B. 精油敷按   C. 精油沐浴   D. 吸入精油

14. 在芳香疗法的历史上，（　　）人发明了蒸馏精油的技术。

    A. 阿拉伯   B. 古印度   C. 中国   D. 古埃及

15. 古印度人采集药用植物时非常注意以下事项：只有纯洁、善良的男人才能采收药草，并且（　　）。

    A. 女人采集前要洗澡   B. 要梳妆整洁

    C. 采集前不能进食   D. 吃饱

16. 1722 年，13 种被官方认可的精油包括洋甘菊、迷迭香、肉桂及（　　）等。

    A. 天竺葵   B. 依兰   C. 茴香   D. 乳香

17. 加德佛赛博士因意外爆炸烧伤了手，匆忙中把手插进（　　）精油中。

    A. 天竺葵   B. 依兰   C. 薰衣草   D. 乳香

18. 在米兰植物研究中心，研究利用精油治疗（　　）。

    A. 恐惧症   B. 烧伤   C. 忧郁症   D. 癌症

19. 世界上最昂贵的化妆品都是以（　　）和其他有机天然成分为添加剂，主要是作为活性元素，同时也可作为防腐剂。

    A. 矿物油   B. 动物油   C. 精油   D. 高级添加剂

20. 在商业社会，商业用途的各类化妆品成分中，（　　）占据主导地位。

    A. 矿物油   B. 动物油   C. 化学成分   D. 精油

二、判断题（下列判断正确的请打"√"，错误的打"×"）

1. 国外古代的医学之父视植物精油为植物荷尔蒙，只有在其充满活力状态下可以找到它。   （　　）

2. 芳香疗法（Aromatherapy）是一种以预防、保健及治疗为主的疗法。   （　　）

3. 芳香疗法最终达到的目的是使身心健康，它是一门使用植物治疗的预防科学。

                                                            （　　）

4. 芳香疗法吸收了东方医学"身心一致"的思想，将印度医学、中国医学（包括中国的藏医学）的理论融合进来。   （　　）

5. 人体健康是建立在身、心处于全面的和谐、平衡状态的基础上。（　）

6. 精油的排出途径是由它们自身的功效属性所决定的。（　）

7. 使用精油沐浴同精油按摩的效果不一样。（　）

8. 将浓度为100％的植物精油涂抹在皮肤上，会立即渗透，被皮肤吸收遍布全身。（　）

9. 皮肤的排泄功能包括释放出身体多余的热量、排泄废物、毒素及多余水分。（　）

10. 身体在排泄汗液时会同时吸收精油，沐浴后可直接进行精油按摩。（　）

11. 在古埃及所有人死后都可以用精油保存尸体完整。（　）

12. 古希腊人的健康概念是身体的不同部位，涂抹不同功效的精油，将产生不同的效果。（　）

13. 古希腊人将医学的观念由半迷信提升为科学。（　）

14. 阿拉伯人发明了蒸馏技术，更准确地说是改进了蒸馏技术。（　）

15. 中国草药的医疗功效已获得现代科学的确定。（　）

16. 17世纪是药草学的黄金时代，人们对其知识的认识甚至超过了化学。（　）

17. 精油和草药不能混为一谈，虽然它们有共同的起源，但草药使用计量大，药效较弱。（　）

18. 精油的化学结构复杂，具有多种功能；人工香精仅具有单一性功能。（　）

19. 精油能够帮助消化，提供营养，含有维生素等稀有元素。（　）

20. 人们运用精油净化环境、驱虫防虫、消除异味是为了改善"环境荷尔蒙"。（　）

本章测试题答案

一、单选题

1. C	2. C	3. B	4. C	5. C	6. C	7. C	8. C	9. A
10. C	11. A	12. C	13. C	14. A	15. C	16. C	17. C	18. C
19. C	20. C							

二、判断题

1. √	2. ×	3. √	4. √	5. √	6. √	7. ×	8. ×	9. √
10. ×	11. ×	12. √	13. √	14. √	15. √	16. √	17. √	18. √
19. √	20. √							

第 3 章

精油基础知识

第 1 节 精 油 概 念 与 提 炼

 学习目标

➤了解精油概念及其性质

➤熟悉精油价值以及其萃取方法

➤掌握纯正精油鉴别技巧

 学习单元 1 精油的概念

芳香精油是芳香疗法中不可缺少的重要工具。芳香精油是一种充满活力的植物元素，其主要成分是通过萃取野生植物或人工栽培的植物的花朵、木材、灌木、叶片、树枝、种子、根、树脂中的挥发性物质得来。这些挥发性物质存在于植物发出的香气中的油粒，其成分及化学结构非常复杂，比合成的油更有活性。它并不是植物代谢过程中的产物，而是植物生长、发展的重要因素。

 知识要求

1. 精油性质

精油和其他油脂不同，它们质地本身不油腻，并且具有较高的挥发性，具有各种性质。

（1）性质

1）亲油性——精油可以与植物油混合调制按摩油和保养油。

2）抗水性——精油不溶于水，这是它的密度所决定的。

3）挥发性——精油如果暴露在空气中，很快挥发掉，也不会在纸张上留下油渍。

4）可燃性——将精油滴在纸张上，用火柴点燃，观察精油可燃性，来鉴别精油的品质。

（2）挥发度

1）高音（轻油）——挥发度高，渗透较快，具有刺激性，可起到提神、振奋、醒脑作用。

2）中音（中度）——挥发度适中，具有安抚、平衡、镇定、平复心境、减压的作用。

3）低音（重度）——挥发较慢，有厚重深沉感，具有安神、松弛神经的功效。

2. 精油的价值

自古以来，昂贵的植物精油都是皇室的专用品。从历史记载中可以得知，现在的精油价格与 2000 年前的精油价格不分上下。以前精油是经过拍卖才可以出售的，而现在可以随时很方便地购买到精油。

（1）产地和自然因素。说起薰衣草，人们通常会想到它来自于英国或法国。法国薰衣草生长在阳光普照、万里晴空、空气清新的地区。世界各地都种有薰衣草，有的长在路边，有的生长在核电厂附近，这显然有别于原产地为法国阿尔卑斯山的薰衣草，它们的医疗特性是截然不同的。

（2）农业因素。精油的出处也是影响其价值的因素，有些萃取精油的植物喷洒过农药、杀虫剂等，萃取后的成品也可能含有农药等有害物质。这种现象已经引起各个地区精油贸易组织的重视，各贸易组织纷纷要求在种植用于生产精油的原植物时尽量减少农药用量。野生或有机栽培的原植物萃取的精油才能具有良好的质量品质。

（3）工业因素。随着全球经济的不断发展，精油的需求量也不断增加，但精油供给量却因精油原植物种植量有限受到了限制。如今市面上的芳香疗法系列产品有不同品牌，为确保所选择的精油百分之百纯正、质量上佳，不是只具其味的化学合成品，这就需要鉴别经验和技巧。首先要考虑供货商的信誉和产品的口碑，最重要的是货品价格。最昂贵的产品不一定最好，但是便宜的产品质量得不到保证。某些生产商采用廉价方式萃取精油，违反了芳香疗法规则，应受到限制。萃取出的精油如果不是纯质的，不能用在芳香疗法上，用挥发剂萃取的精油主要用于香水工业。

（4）采集时机。精油储存在植物体内时，直到开花前，仍会持续增加；开花时，精油便停止产生了，那是因为受精作用几乎把精油耗尽；开花后，精油会再度出现于根部，它的化学成分不断改变，随着季节、时间的变化，精油在植物体内的位置会不断改变。因此，采集植物萃取精油时要选择特定的时间，才能选取特定的植物位置进行萃取。一般来说，特定季节、天气状况、萃取当天的时间、土壤情况、山间灵气、气候变化、栽培方式等都会影响精油的化学成分组成以及气味是否纯正，所以采集植物时，上述因素均应考虑到。

制作精油所需要的人力、物力、时间、地理位置等因素构成了一瓶纯正精油的成本。精油价格是由这些因素来决定的，这些因素决定了精油的生产成本并不低廉，这是精油昂贵的原因所在。

对初学者和初次接触精油者来说,往往有很多人认为用精油来调理是一件奢侈的事。其实,按精油所带来的价值来说,精油比一些护肤品便宜得多。因为芳香疗法的精油护理只需用几滴纯正精油,混合少量基础油就可以使用,算起来每个月只花上几十元便可以达到皮肤护理效果了,这是市面上一些护肤产品在价格上所无法比拟的。

3. 精油真伪鉴别

鉴别精油品质的方法如下:

(1)选择可信赖的供货商和销售商。许多不负责任的供货商和销售商以人造香精及稀释过的精油炮制出"100%纯精油",顾客使用假货后不仅达不到预期效果,而且有害健康。

(2)可透过 GCMS(离子色泽分析法)来确定精油标准。

(3)嗅觉测试。利用嗅觉来鉴定精油,先决条件是鉴定者必须熟悉精油。

1)纯度。将一滴精油稀释于 100 mL 水中,温度保持在 42℃,在 6 小时以内每小时试闻一次,记录气味的好与坏。

2)强度。取一滴精油滴在纸上,每天清晨取出试闻,连续 10 天记录精油的气味强度。

(4)肉眼测试。将精油擦在皮肤上,观察其是否很快被人体吸收,以证明所使用的精油渗透力是否强。或将精油滴在纸上,20 min 后观察精油是否挥发(高脂精油除外)。

(5)能量测试。用项链的宝石坠接近被测精油,宝石坠按顺时针转动,说明精油是100%的纯精油,宝石坠按逆时针转动,说明此精油是化学香精,宝石坠自摆说明此精油是稀释过的。

(6)理化实验。检验精油的沸点、密度、折射率、旋光度、酸值、皂化值。

(7)测试可燃性。将数滴精油滴在纸上,取一根火柴将纸点燃,由于精油具有可燃性,可通过观察纸是否会燃烧来鉴别精油的品质。

总而言之,假冒伪劣精油有两种:一种是化学合成产品,就是利用化学合成方式制造精油,产品只具有精油气味,却根本没有效果,在某种程度上还会对人体造成危害;另一种产品只含有极少的精油,将精油用酒精加以稀释,因为精油芳香成分容易扩散在酒精里,这是制造香水的主要方法。只有专家才能真正分辨出真品及合成品,这主要依赖于长期经验,按其嗅觉作用来识别。

学习单元 2　精油的提炼

 知识要求

1. 精油的采集

地球上所有动物都依赖于植物经光合作用所释放出的氧气而得以存活。

(1) 植物以根、茎和枝叶三部分为主体，并会按季节不同而在主体上开花。花是植物用来繁衍后代的生殖器官。根、茎和枝叶支撑植株，并且由下往上将从土壤里吸收的水分和溶解在其中的物质输送到叶子，完成输送任务。植物营养物质的制造工厂在叶子内，叶子主要制造碳水化合物，而脂肪及蛋白质需通过碳水化合物才能再进一步被合成。

(2) 植物制造营养物质，由外界获取的只有水和空气，水主要透过根来吸取，而空气则是由叶子背面的气孔吸入，在叶片中存在许多腺体，其中韧皮部位的箭管可帮助植物吸取养分而存活，在叶片中含有一种负责催化的酵素群，其中最重要的酵素被称为叶绿素。它与阳光、空气及水共同参与光合作用的反应，白天在光合作用下产生氧气，帮助葡萄糖转换成葡萄糖酸，在这个过程中产生了特殊的气味，并形成了植物精质，植物会因生长所需将该精质储存在植物的各个部位。

(3) 萃取精油采集植物的时机。关于精油的形成学说很多，大部分科学家认为精油是植物新陈代谢时的分泌物，光合作用产生配糖体，配糖体再转化为精油。有些植物，如薄荷、薰衣草的嫩叶本身无香味，但成熟时会散发香气。叶类植物花朵成熟后，在未受精前，其香味可持续 8 天；在受精后，香味在 1 小时内消失，即使未受精，花朵脱离植物后香味也会逐渐消失。

(4) 萃取精油植物的采集部位及时间，见表 3—1。

表 3—1　　　　　　　　　　萃取精油植物的采集部位及时间

植物部位	采集时间
花朵	开花、蓓蕾阶段
果实	秋季
树枝	春季
根	春、秋季
树皮	冬季

所有植物在干燥的清晨采集最佳，因为植物在经过整夜的化合作用后才产生精华，此

时精油还没有受到日照蒸发，它的分子约为细胞的千分之一，所以比蔬菜油和矿物油更容易渗透到皮肤深处，而不会附在皮肤的表面，造成皮肤毛孔堵塞。即使来自同一植物，若萃取部位不同，则精油的疗效作用及品质也不同，如薰衣草萃取自花穗与茎叶的精油成分品质就有所差异，好精油的来源，必须在植物成熟后、具有最佳生命动力时立即采摘下来，如保加利亚玫瑰，必须在凌晨到天亮之前，以人工摘取其花朵部位，并在 24 小时内送到制油厂去蒸馏。

2. 精油的萃取

精油是萃取自植物高浓度和易挥发物质，是会散发香气的有机体。植物发生光合作用后，会发出香味，植物精质以葡萄糖形态存在，然后借助叶子遍布整株植物，使整株植物散发均匀香味，经萃取后就是精油。

（1）精油萃取过程如图 3—1 所示。

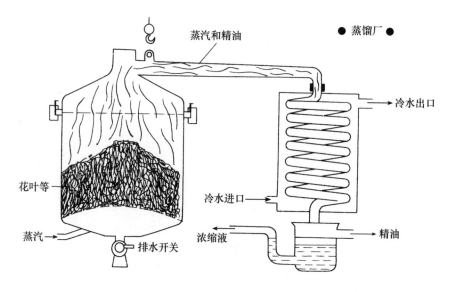

图 3—1　精油萃取过程

（2）精油的萃取制造方法见表 3—2。

表 3—2　　　　　　　　　精油的萃取制造方法

制造方法	具体过程说明
蒸馏法	蒸馏法是提炼精油最古老且很普遍的一种方法。蒸馏法又分为蒸汽蒸馏和真空蒸馏等不同方法。蒸馏法是把植物材料放进蒸馏器中，用水和蒸汽将植物加热，使植物中的精华蒸发出来，使其变成蒸汽状态，再经过急冻，所呈现出来的是混合的油和水，通常油会浮在水上面，因为水重于油，这时候可以轻易地将油和水分开来

制造方法	具体过程说明
脂吸法	将一片玻璃嵌在方形框架上，把薄薄一层脂肪（猪油或牛油）涂在玻璃上，然后将新鲜花瓣铺一层在脂肪上，经过约 24 小时，花瓣所含的精油就会被脂肪全部吸附，再把木框反过来，花瓣自动掉下来，再将另一层新鲜花瓣铺在脂肪上。如此一层一层叠起来，需要持续 3 个月，当脂肪吸饱了精油后再用酒精将香油洗下来，用机器搅拌让精油转溶于酒精中，酒精蒸发后留下精油。因花费人力及时间太多，此方法是最昂贵的方法
压榨法	压榨法专门用于制造柑橘类——柠檬、橙、佛手柑等精油，是最传统的家庭式生产方法。首先将果皮切碎及挤烂，使果皮汁液挤出渗进海绵内，然后加以压榨使汁液流出，再收集起来。此种方法因耗费人工，成本昂贵，现在都由机器处理
溶剂法	溶剂法最常用于提炼树脂、树胶及花瓣类的精油。将材料放于容器中以溶液浸没（处理花朵用石油或石油精，处理树胶、树脂则用酮），然后加热，使溶液萃取出材料的芳香物质，经过滤糊状物，再经蒸发处理就得到精油。乳香精油、没药精油、檀香精油等均采用此种方法提炼

3. 精油的组成

植物精油的化学构造非常复杂。阳光、空气、水、土壤所提供的能量和碳、氢、氧等化学元素组成不同的芳香分子。这些芳香分子基本可分为八大类别：酸类、醇类、醛类、酮类、酯类、酚类、倍半萜烯类和萜烯类。每种芳香物质可能不只由一种类别的芳香分子组成，即使是由同一种类植物体内提炼出来的精油，均有可能由不同的化学成分组成，原因在于植物精油中的酯类、醇类等成分随着季节转换、土壤组成和气候条件而有所差异，从而影响成分组成的细微变化，这是植物精油很常见的差异。

在芳香疗法领域，只有具有丰富经验的芳香技师才知道如何正确调配各种精油，使精油间相互协调平衡，让某一种精油的碱性与另外一种精油的酸性产生中和作用。芳香疗法的初学者，在未全面掌握培训课程中所需达到的要求和效果时，最好谨慎使用各种精油。

每一种单方精油约含有上百种成分，主要有萜烯类、醇类、酯类、醛类、酮类和酚类。这些不同的分子组合出各种类型独特的气味和疗效。即使有些精油提炼厂想制作出单一成分的植物精油来精准功效，但无论如何纯化或萃取也只能得到 90% 左右的单一成分，依然有 10% 左右的其他成分存在（甚至有些成分很微量的存在），这就是天然物质的特性。因此，使用精油时产生的效果都是平衡协调的，而不同于使用化学合成的药物那样强烈地刺激人体。

（1）醇类（Alcohols）是植物精油中主要的化学成分，具有抗菌作用，但对皮肤不具刺激毒性，属于较温和的成分。

（2）酸类（Acid）具有抗发炎作用，从植物体萃取出的酸类属于弱酸，这种弱酸并不会损伤或侵蚀皮肤。

（3）醛类（Aldehydes）除了具有抗发炎作用之外，还可以安抚中枢神经系统和缓和血压。

（4）酯类（Esters）可抗痉挛、抗发炎和平顺神经系统，是精油组成中最温和的成分。

（5）酮类（Ketone）具有强烈的刺激性，对人体和皮肤的作用很强烈，使用时必须小心谨慎。若某植物精油具有高含量的酮类成分，则不建议给孕妇或体弱者使用。

（6）酚类（Phenols）具有强劲杀菌和抗病毒功效，对人体皮肤和黏膜组织刺激性较大，使用酚类成分含量较高的精油时，务必稀释和低剂量使用，也不建议长期使用此类精油。

（7）倍半萜烯类（Sesquiterpenes）有良好的镇定安抚与抗发炎作用，适合偏敏感脆弱类型皮肤使用。

（8）萜烯类（Terpenes）具有抗菌和镇痛功效，但较易刺激皮肤，请小心使用。

目前已经知道，薰衣草精油中醇类占50%，其中44%～45%是由醇类衍生的酯类，氧化物占2%～3%，另外还有一些微量但比较重要的成分，以及3%的倍半萜烯类、丁香油烃类。此外，天竺葵中含有叶草醇，柑橘类精油含有柠檬醛，玫瑰含有香茅醇、沉香醇等，茴香含有酚酮、茴香脑。不同的土壤、气候、季节，使同一种植物所提炼的精油的化学组成会有所不同。精油的成分相当复杂，比如著名的玫瑰精油就含有200多种不同的芳香物质。

 技能要求

精油鉴别训练

操作准备

准备萃取植物各个部位的精油：

花朵——玫瑰、茉莉、洋甘菊；

茎叶——罗勒、快乐鼠尾草、马沃兰、迷迭香、欧薄荷、广藿香；

果实——柠檬、葡萄柚、佛手柑、莱姆、甜橙；

根——姜、岩兰草；

种子——茴香、黑胡椒、豆蔻；

木杆——檀香、香柏木、花梨木；

树脂——乳香、没药、安息香。

操作步骤

步骤 1 　将每一种精油的名称用胶布或白纸遮盖住，然后逐一将名称编号记录在一侧。

步骤 2 　随意取任意一款精油，用心嗅闻该款精油的气味，辨别名称，记录下来。

步骤 3 　与之前的编号记录对照，看是否辨别正确。

步骤 4 　将辨别正确的精油再次嗅闻，用心记住其味道。

步骤 5 　经常反复训练嗅闻、辨别能力，每次评分，评价嗅闻能力。

注意事项

1. 必须选择浓度为 100％ 的植物精油，确保纯度。

2. 打开精油嗅闻时，需将其放在距离鼻子 1 尺的下方，从左向右在鼻子前来回过 3 次为宜，不可过度吸入，嗅闻后需马上盖紧精油瓶盖，以免灰尘进入精油瓶内，也可避免精油无故挥发。

3. 不可将精油未经稀释直接使用在皮肤上，以免皮肤被灼伤。

第 2 节　精 油 的 功 效 与 运 用

 **学习目标**

➤了解各类精油的中、英文名称

➤熟悉各类精油的挥发度

➤掌握各类精油在神经系统、情绪、身体疗效、皮肤疗效中的作用

学习单元 1 精油的功效

 知识要求

1. 花朵类精油及其功效（见表 3—3）

表 3—3   常用的花朵类精油及其功效

中、英文名称	挥发度	功　　效
洋甘菊精油　Chamomile	中	神经疗效：缓解忧郁、沮丧的心情，松弛神经，改善失眠，减缓紧张和愤怒的情绪 身体疗效：镇痛消炎，缓解经痛及牙痛；调节消化系统，抗感染，增强免疫力 皮肤疗效：减轻烫伤、发炎的伤口、溃疡、水疱、脓疖；改善疱疹、干癣、皮肤敏感的现象；消肿，平复微血管破裂；适用于干燥皮肤、暗疮及发炎皮肤
茉莉花精油　Jas mine	低	神经疗效：改善沮丧的心情，松弛神经，改善情绪，恢复精力 身体疗效：助产，减轻生育时的痛苦；平衡荷尔蒙，舒缓经痛，消除阴道感染，强健男性生殖系统，改善阳痿、早泄、性冷淡；改善呼吸系统 皮肤疗效：适用于干燥皮肤、敏感皮肤，淡化妊娠纹及疤痕

中、英文名称	挥发度	功　效
橙花精油　Neroli 	低	神经疗效：减轻焦虑、沮丧及压力，安抚情绪，帮助催眠，使心情愉快 身体疗效：改善失眠、头痛的症状，平复更年期的心理问题，安抚肠胃功能，镇定心悸，促进血液循环 皮肤疗效：促进细胞再生、增强皮肤弹性，适合干性皮肤、敏感性皮肤，改善静脉曲张皮肤、疤痕及妊娠纹皮肤
玫瑰精油　Rose 	低	神经疗效：平复情绪，提振心情，松弛神经，缓解紧张压力 身体疗效：滋补子宫，促进荷尔蒙的产生，改善性问题的困扰；滋补心脏，促进血液循环；改善消化系统及呼吸系统 皮肤疗效：任何皮肤都适用，干燥、成熟、敏感皮肤特别适用，改善微血管扩张皮肤
依兰精油　Ylang－Ylang 	低～中	神经疗效：松弛神经，减缓紧张、愤怒及恐惧情绪 身体疗效：调节生殖系统，健胸，滋补子宫，改善性问题的困扰；降血压，松弛神经，抗肠道感染 皮肤疗效：平衡油脂分泌，改善油性皮肤和干性皮肤；滋补头皮、发质

2. 花叶类精油及其功效（见表 3—4）

表 3—4　　　　　　　　　　　常用的花叶类精油及其功效

中、英文名称	挥发度	功　效
天竺葵精油　Geranium	中	神经疗效：缓解忧郁、沮丧的心情；提镇神经，缓解压力 身体疗效：调节荷尔蒙，改善更年期问题以及乳房发炎症状；消除水肿，刺激淋巴系统，排除肝、肾的毒素；改善消化系统 皮肤疗效：适合各种皮肤。平衡油脂分泌，改善带状疱疹、癣、灼伤、冻伤、毛孔阻塞、油性皮肤、面色苍白的皮肤
薰衣草精油　Lavender	中	神经疗效：安抚情绪，净化心灵，减轻愤怒及筋疲力尽的感觉，平衡中枢神经 身体疗效：改善失眠，降低高血压，镇静心脏，有助改善呼吸系统、妇科及消化系统问题，杀虫、净化空气 皮肤疗效：促进细胞再生，平衡油脂分泌，有益于改善烫伤、晒伤、湿疹、干癣、脓疮的皮肤，改善疤痕，抑制细菌生长，帮助头发生长
迷迭香精油　Rosemary	中	神经疗效：增强记忆力，改善紧张的情绪，强化心灵 身体疗效：使头脑清醒，改善头晕、感冒症状，使身体富有活力，缓解风湿痛，改善肌肉劳损，滋补心脏，降低血压，调理贫血，缓解经痛，有利于减肥 皮肤疗效：收敛皮肤，消除浮肿、充血的现象，刺激毛发生长

中、英文名称	挥发度	功　　效
快乐鼠尾草精油　Clary Sage	中	神经疗效：放松神经，振奋精神，放松心情 身体疗效：滋补子宫，调节月经流量，平衡荷尔蒙分泌，缓解产后忧郁症，缓解胃部不适，改善头痛，缓解焦虑情绪，抑制出汗，对全身有调节及平衡作用 皮肤疗效：促进细胞再生；有利于头皮部位的毛发生长，净化油腻的头发，减少头皮屑，抑制皮脂过度分泌
马郁兰精油　Marjoram	中	神经疗效：强化心灵，缓解焦虑情绪和压力，稳定情绪 身体疗效：减缓肌肉疼痛、风湿痛、背部疼痛；促进血液循环，滋补心脏，降低血压，改善头痛、失眠；调节消化系统，排除身体毒素，调理感冒症状；调节经期，减轻经痛，抑制性欲 皮肤疗效：消除瘀血
百里香精油　Thyme	中~高	神经疗效：活化大脑细胞，提高记忆力及注意力，振奋精神，增强活力，安抚心灵 身体疗效：提高免疫力，强化呼吸系统，预防感冒，改善低血压，消除身体疼痛，利尿，帮助消化，缓解妇科症状 皮肤疗效：滋补头皮，抑制脱发，改善皮肤问题

3. 果实类精油及其功效（见表3—5）

表3—5　　　　　　　　　　常用的果实类精油及其功效

中、英文名称	挥发度	功　效
佛手柑精油　Bergamot	高	神经疗效：改善焦虑、沮丧的心情，安抚紧张、愤怒、挫败的情绪 身体疗效：调节子宫，治疗性感染，有助于改善呼吸道感染的疾病，帮助治疗膀胱炎，调理肠胃功能 皮肤疗效：改善油性皮肤，改善因压力引起的湿疹、疥疮、粉刺，改善干癣皮肤；缓解头皮的脂溢性皮炎，口腔溃疡
葡萄柚精油　Grapefruit	高	神经疗效：稳定情绪，使中枢神经平衡，振奋精神 身体疗效：刺激淋巴腺分泌，改善水肿型肥胖、蜂窝织炎，调节消化系统，滋补肝脏，减轻偏头痛、经痛及疲乏。 皮肤疗效：改善油性皮肤
柠檬精油　Lemon	高	神经疗效：使头脑清醒 身体疗效：减轻头痛、偏头痛、关节炎、痛风；促进消化系统功能，改善便秘；预防感冒引起的呼吸道问题，帮助退热 皮肤疗效：祛除老化细胞，改善灰暗皮肤，使肤色明亮，改善微血管破裂皮肤；净化油性发质，预防指甲干裂

中、英文名称	挥发度	功　效
香橙精油　Orange	高	神经疗效：缓解紧张的压力，增强活力 身体疗效：对身体内部组织有修复作用，减轻肌肉疼痛，健壮骨骼，改善失眠症状，预防感冒，帮助消化、开胃、促进胆汁分泌 皮肤疗效：改善干燥皮肤、皱纹皮肤以及湿疹肤质，促进汗液的分泌，利于排毒
莱姆精油　Lime	高	神经疗效：增强生机和活力 身体疗效：刺激消化系统，增进食欲；改善酒精中毒现象及风湿痛，预防感冒引起的喉咙痛，缓解咳嗽、鼻窦炎等症状；滋补免疫系统，强壮身体 皮肤疗效：收敛及调理皮肤，净化油性肤质
杜松精油　Juniper	中	神经疗效：刺激和强化神经 身体疗效：帮助排尿，改善蜂窝织炎和水肿，利于排出聚积的毒素；净化肠道，调节胃口，改善身体疲倦、沉重的感觉，用杜松足浴可减轻充血现象；使四肢强健，改善身体僵硬性疼痛；调整经期，舒缓经痛 皮肤疗效：适用于油性皮肤，改善头皮的皮脂分泌过度、粉刺、毛孔阻塞、流水的湿疹和干癣

4. 种子类精油及其功效（见表3—6）

表3—6　　　　　　　　　常用的种子类精油及其功效

中、英文名称	挥发度	功效
欧白芷精油　Angelica	低	神经疗效：消除压力，缓解疲劳，强化心灵，增加自信 身体疗效：止头痛、牙痛、偏头痛，改善风湿痛、关节炎、痛风、坐骨神经痛；促进经期恢复正常，减轻经痛，辅助治疗不孕症；缓解呼吸系统疾病；改善消化不良、胀气、反胃、胃溃疡、厌食；滋补肝脾；促进淋巴系统循环 皮肤疗效：消除皮肤炎症，改善皮肤细菌寄生问题
豆蔻精油　Cardamom	高	神经疗效：振奋精神，改善情绪，增强活力 身体疗效：有益于呼吸系统，缓解咳嗽，使身体温暖，安抚月经前的头痛和易怒情绪，具有补身作用，有利于减肥，利尿，改善消化系统的功能 皮肤疗效：未知
胡萝卜种子精油　Carrot Seed	中	神经疗效：净化心灵，消除压力，缓解疲劳 身体疗效：调节荷尔蒙分泌，改善不孕症；预防呼吸系统疾病，强化呼吸系统，改善贫血症状，缓解肠胃不适，排除体内多余水分，具有改善肝炎的功效 皮肤疗效：改善肤色，使皮肤有活力并具有弹性，使细胞再生，预防皱纹产生及促进伤口愈合，治疗因干燥引起的皮肤炎

5. 叶类精油及其功效（见表3—7）

表3—7　　　　　　　　　　　　常用的叶类精油及其功效

中、英文名称	挥发度	功　　效
丝柏精油　Cypress	中～低	神经疗效：安抚易怒的人，改善愤怒的心情，净化心灵 身体疗效：改善蜂窝织炎，平衡体液，改善静脉曲张和痔疮，调节肝功能，调节卵巢功能，缓解经痛和调理经血过多 皮肤疗效：控制皮肤水分流失，改善老化皮肤，有利于伤口愈合，促进结疤
尤加利精油　Eucalyptus	高	神经疗效：稳定情绪，使头脑清醒，使注意力集中 身体疗效：对呼吸道有帮助，缓解发炎症状；预防流行性感冒、喉咙感染、咳嗽气喘；降低体温，消除体臭；改善头痛，减轻腹痛、风湿痛及肌肉痛 皮肤疗效：预防皮肤滋生细菌，改善阻塞的毛孔，减轻发炎症状
欧薄荷精油　Pepper mint	高	神经疗效：安抚愤怒和恐惧的情绪，有助于缓解疲惫和沮丧的情绪 身体疗效：在温度方面有双重作用，热时清凉，冷时暖身；改善呼吸道疾病；帮助解除消化系统出现的问题，如呕吐、腹泻、便秘、胀气、口臭、反胃等，解除旅行时的不适症状；改善肾、肝失调；安抚神经痛、风湿痛和肌肉酸痛；减轻头痛、偏头痛及牙痛；预防昆虫叮咬，有通经作用 皮肤疗效：改善湿疹、癣、疥疮和瘙痒现象；清凉皮肤，改善发痒和发炎的皮肤；可柔软肌肤，清除黑头粉刺；有益于油性的发质和肤质

续表

中、英文名称	挥发度	功效
茶树精油　Ti－tree	高	神经疗效：使头脑清醒，恢复活力，安抚情绪 身体疗效：是强效的抗菌精油，可以强化免疫系统，用排汗的方式将毒素排出体外，有助于治疗流行性感冒、唇部疱疹和牙龈发炎；按摩可强健身体，安抚惊恐情绪；清除阴道的念珠菌感染，改善生殖器和肛门的瘙痒，有助于消除生殖器感染 皮肤疗效：净化效果极佳。改善伤口化脓感染的症状，适用于灼伤、疮、晒伤、癣、疣、疱疹的皮肤，改善头皮过干和头皮屑过多
罗勒精油　Basil	高	神经疗效：有助于集中精力，改善沮丧情绪，稳定神经 身体疗效：促进血液循环，缓解肌肉疼痛，减轻肌肉痉挛；治疗昆虫咬伤；助孕及调节经期出现的问题；改善消化系统出现的问题，有益于呼吸系统，止痛，尤其适合于治疗头痛及偏头痛，减轻过敏现象 皮肤疗效：收紧及彻底清洁皮肤，预防和改善粉刺肤质
广藿香精油　Patchouli	低	神经疗效：使人头脑清醒，有利于平和心态 身体疗效：收敛和促进伤口愈合；抑制胃口，控制腹泻；改善蜂窝织炎，平衡汗液；缓解蚊虫咬伤的痛痒症状 皮肤疗效：帮助细胞再生，促进伤口愈合，减轻发炎症状，改善粗糙、皲裂和粉刺皮肤

6. 树脂类精油及其功效（见表3—8）

表3—8 常用的树脂类精油及其功效

中、英文名称	挥发度	功　效
乳香精油　Frankincense	低～中	神经疗效：安抚焦虑的心情，使心情平和 身体疗效：缓解急促呼吸、头部着凉和咳嗽，减轻经血过多的症状，缓解产后忧郁症，安抚胃部，帮助消化，改善消化不良和打嗝 皮肤疗效：美容佳品，帮助抚平皱纹，收敛和平衡油性皮肤
没药精油　Myrrh	低	神经疗效：平衡情绪 身体疗效：适用于肺部，可清肺；改善口腔问题；适用于妇科疾病，缓解经血减少、白带过多、念珠菌感染等症状 皮肤疗效：改善流水伤口和皲裂肌肤，如流水的湿疹、足癣
安息香精油　Benzoin	低	神经疗效：安抚神经系统，缓解紧张和压力；安抚悲伤、寂寞和沮丧的情绪；排除忧虑，使人恢复信心，改善筋疲力尽的身心状态 身体疗效：促进血液循环，减轻疼痛和关节炎；润肺并改善支气管炎、气喘、咳嗽、感冒和喉咙痛；有利于尿液流动；有助于解决性方面问题，改善生殖器问题，如白带过多；安抚胃部，减轻口腔溃疡 皮肤疗效：适用于干燥皮肤，可使皮肤恢复弹性，改善手部冻疮、脚部冻疮、伤口发炎、溃疡、皮肤发红、发痒等症状

7. 根类精油及其功效（见表 3—9）

表 3—9   常用的根类精油及其功效

中、英文名称	挥发度	功 效
生姜精油　Ginger 	高	神经疗效：增强记忆力，使人感觉温暖，激励人心，使人愉快 身体疗效：减轻喉咙痛和扁桃体炎；可驱除体内寒气；调节消化系统，促进胃液分泌，改善食欲不振、胀气、腹泻的症状；缓解关节炎、风湿痛、抽筋、肌肉痉挛的症状，缓解下背部的疼痛；促进血液循环，改善冻疮，可用于产后护理，消除积存的血块；改善听力，使感觉器官比较敏锐 皮肤疗效：有助于消散瘀血
岩兰草精油　Vetivert	低	神经疗效：具有镇静的功效，可缓解压力和紧张情绪 身体疗效：平衡中枢神经，具有活血行血的功能，有助于减轻风湿病和关节炎的疼痛，帮助身体恢复健康；改善睡眠 皮肤疗效：可以消除粉刺

8. 杆茎类精油及其功效（见表 3—10）

表 3—10   常用的杆茎类精油及其功效

中、英文名称	挥发度	功　　效
檀香木精油　Sandalwood	低	神经疗效：具有放松和镇静的功效，安抚紧张的神经和焦虑的情绪，会带来祥和平静的感觉 身体疗效：对生殖、泌尿系统有帮助，可以改善性方面的困扰，对身体也有放松作用，可舒缓咳嗽和喉咙痛，帮助睡眠，预防细菌感染，减轻腹泻 皮肤疗效：檀香木是一种平衡精油，有益于干性湿疹和老化缺水的皮肤，与荷荷巴油调配后是绝佳的颈部润肤乳，舒缓皮肤发痒、发炎症状
香柏木精油　Cedarwood	低	神经疗效：缓解紧张和焦虑状态，有助于沉思冥想 身体疗效：有益于呼吸道，改善支气管炎、咳嗽及流鼻涕的症状，调节肾脏功能，减轻慢性风湿痛和关节炎的疼痛 皮肤疗效：适用于油性皮肤，改善粉刺皮肤，帮助消除湿疹和干癣，可以用于调制润发剂，改善头皮脂溢、头皮屑和秃发，经过调配后使用可以明显软化皮肤
花梨木精油　Rosewood	中	神经疗效：改善情绪低落、极度疲劳、忧心忡忡的心理状态，会使人振奋、精神焕发 身体疗效：缓解喉咙发痒和咳嗽的症状；帮助解除性方面的困扰，改善及增进性欲；减轻头痛，消除体臭 皮肤疗效：刺激细胞组织再生，改善敏感发炎的皮肤，延缓皮肤老化

9. 香料类精油及其功效 (见表 3—11)

表 3—11   常用的香料类精油及其功效

中、英文名称	挥发度	功效
黑胡椒精油 Black Pepper	中	神经疗效：强化神经，给人自信、安慰及温暖心房，具有激励的效果 身体疗效：改善着凉引起的感冒症状；促进血液循环，且助于排毒消除多余脂肪；促进食欲，消除胀气，止吐，改善肠胃问题；利尿，使肌肉结实，预防肌肉酸痛，改善风湿性关节炎及四肢麻木 皮肤疗效：消退瘀血
茴香精油 Anise—star	高	神经疗效：具有激励振奋精神的作用 身体疗效：有益于消化系统，减轻反胃感，消除胀气，增强肠胃蠕动；会使身体温暖，有助于消除喉咙痛，改善寒冷气候引起的风湿性腰痛，缓解经痛，可以调经 皮肤疗效：未知
肉桂精油 Cinnamon	低	神经疗效：振奋精神，安抚沮丧的心情 身体疗效：减轻感冒和呼吸困难症状，预防疾病传染，刺激体液分泌；减少肠道感染，减轻消化不良、胀气、胃痛、腹泻、反胃、呕吐的症状，刺激胃液分泌；减轻经痛，调节过少的月经流量，具有催情作用；减轻风湿痛 皮肤疗效：收敛和紧致肌肤

学习单元2 精油的运用与禁忌

 知识要求

1. 精油的运用意义

人的情绪会直接影响身体健康，而皮肤是身体的一面镜子，所以皮肤外表也会受到影响。因此，只有内在健康（身体健康、心情愉快），才会拥有外在的健康（皮肤健康）。

（1）皮肤方面：精油能加速细胞新陈代谢，刺激体内细胞生长，减缓老化现象。精油能帮助疤痕修复及伤口愈合，提高皮肤对外来侵袭的抵抗力，并能使皮肤更有弹性。

（2）健康方面：精油能加强及刺激身体的免疫力，使身体排出多余的水分及废物，发挥平衡作用；精油能增强身体对疾病的抵抗力，使"呆滞"的器官活跃起来。

（3）情绪方面：精油能增强人的自信心，并能改善记忆力、精神集中力以及对事物的决断力。现代人经常面对工作及家庭等压力，因而情绪容易失调，精油对平衡思想、稳定情绪有极大帮助，并有助于生理及心灵的协调。

（4）医学方面：精油的药性比草药浓70倍，渗透力强，能迅速针对疾病加以治疗。

（5）宗教方面：有意识的运用精油，可使精神有所皈依，故精油又被运用在一些宗教仪式上，如祭祀用檀香、集会用乳香、冥想静坐用没药等。精油有助于心绪平衡，有些宗教人士认为使用精油熏香能帮助人与神沟通，达到灵神合一的境界。

2. 精油的使用禁忌

（1）有些精油可增加皮肤对光线的敏感度，经常日光浴的人不宜使用精油；芸香料植物因含有香豆素，使用后半小时不能晒太阳。

（2）癫痫症、痉挛、心脏病、肾脏病或生理及情绪极度过敏者，须经医生批准才可接受精油护理。

（3）脉管密集的地方不宜使用精油，如静脉曲张、静脉炎等症状。

（4）针对皮肤传染病、湿疹、皮疹、蚊虫咬伤等，只是受影响部位适宜使用精油。

（5）孕妇及儿童要避免使用精油，精油有通经的功能，使用前应检查是否怀孕。

（6）精油应保存在恒温、阴凉、没有日晒的地方。使用后应栓紧瓶盖，精油接触的空气越多越容易变质和挥发，需放在安全的地方，勿让儿童取得。

（7）癌症患者不宜使用精油，以免导致癌细胞扩散。

（8）注意精油的强度，有些精油应用过多有相反的效果。

（9）纯精油不能直接涂在肌肤上，应以基础油稀释后使用，避免将精油使用在眼睛、眼睛周围、嘴唇和肛门等部位。

（10）使用精油前，最好先做皮肤测试，以免过敏。

（11）同一种精油最好不要长时间使用。

（12）哮喘病患者最好避免使用蒸汽吸入法，以免发病。

3. 各类精油识别及体感训练

（1）训练准备：准备萃取植物各个类别的精油。

（2）训练要求

1）经常反复训练闻和辨别能力，每次评分，评价嗅闻能力。

2）掌握精油的挥发度、萃取类别。

3）掌握精油对神经、情绪的感知作用。

4）掌握精油对身体的功效。

5）掌握精油对皮肤的功效。

6）对同类精油认知和感受，比较其相同之处与区别之处，用心记忆。

第3节　复方精油的调配

 学习目标

➢了解基础油的功效及适用的护养项目

➢熟悉调配复方精油的原则

➢掌握调配复方精油的步骤

 知识要求

一、基础油

1. 基础油的概念

基础油也被称为媒介油或是基底油，是取自植物花朵、坚果、种子的油。很多种基础油都具备医疗的效果。芳香疗法所选用的植物油是经过冷压提炼的（在60℃以下处理），因为冷压法可以将植物中的矿物质、维生素、脂肪酸等保存良好而使其不致流失。经此种方法处理的基础油具有优越的滋润滋养特质。基础油被用来稀释精油，这样才能以正确的剂量将精油用来按摩或涂抹于皮肤上。

2. 基础油的种类及作用（见表3—12）

表3—12 基础油的种类及作用

基础油的中、英文名称	作 用
甜杏仁油 Sweet Almond Oil	具有良好的亲肤性，是很好的滋润混合油，即使最娇嫩的婴儿也可以使用。而含有高营养素的特质，适合婴儿、干性、皱纹、粉刺以及敏感性肌肤使用。它的滋润、软化肤质功能良好，适合做全身按摩用，也能作为治疗痒、红肿、干燥和发炎的配方使用。食用杏仁油可以平衡内分泌系统的脑下垂体、胸腺和肾上腺，促进细胞新陈代谢
杏核桃仁油 Apricot Kernel Oil	肤色蜡黄或是脸部有脱皮现象的人非常适合用杏核桃仁油，它对身体虚弱的皮肤也很有益，帮助改善紧绷的身体、早熟的皮肤、敏感皮肤、发炎干燥的皮肤
酪梨油 Avocado Oil	适合干性、敏感性、缺水、湿疹肌肤使用。深层清洁效果良好，可以作为脸部清洁乳，对新陈代谢、淡化黑斑、消除皱纹均有很好的效果
荷荷巴油 Jojoba Oil	适合油性、发炎、湿疹、干癣、面疱的皮肤。可改善粗糙的发质，是头发用油的最佳选择，可以防止头发晒伤及帮助柔软头发，还可帮助头发变黑及预防分叉，是良好的护发素，也是很好的滋润及保湿油，可保存皮肤水分，预防皱纹以及软化皮肤，适合成熟及老化皮肤，常用于脸部、身体按摩及头发的保养
小麦胚芽油 Wheatgerm Oil	适用于消化、呼吸以及血液循环系统的配方。它含有脂肪酸，可促进皮肤再生，对干性皮肤、黑斑、疤痕、湿疹、牛皮癣、妊娠纹有滋养效果
月见草油 Evening Primrose Oil	它对经前症候群、多种硬化症、更年期障碍有帮助，能治疗干癣和湿疹，还能防止皮肤早衰。只需添加10%的剂量于植物油中。它可以调在乳液、乳霜中，改善湿疹症状
葡萄籽油 Grapeseed Oil	渗透力强，可在面部按摩时使用，降低紫外线的伤害、保护肌肤中的胶原蛋白、改善静脉肿胀和水肿及预防黑色素沉淀。尤其有益于敏感皮肤、粉刺皮肤。能增强肌肤的保湿效果、柔软肌肤，它质地清爽不油腻，易为皮肤所吸收。预防胶原纤维及弹性纤维的破坏，使肌肤保持应有的弹性及张力，避免皮肤下垂及产生皱纹
玫瑰籽油 Rose Bip Seed Oil	适用于老化肌肤，有柔软肌肤、美白的功效。可防皱，改善妊娠纹皮肤。具有组织再生的功能，能有效改善疤痕、暗疮、青春痘。具有保持皮肤水分的功效，也可以预防日晒后色素沉着，对晒伤、牛皮癣、湿疹都有效

3. 基础油的特性

（1）芳香美容法用精油进行按摩之前，切记先用基础油稀释精油，如果未经稀释，则精油的浓度过高和太过强烈，会伤害皮肤。

（2）基础油不容易挥发，但保存期限也不宜太长。因为开封后基础油会接触到空气，所以不要一下子将精油加入到大量的基础油中，最好是一次用多少就调多少，以免基础油酸败，造成精油的损失。

二、调配的基本原则

1. 剂量的控制

调配复方精油是一种艺术，在调油时，有许多因素必须加以考虑，包括精油的功效、调和性及气味的强度以及诊查顾客的症状及皮肤情况等，以便调配出合适的复方精油。一次使用3～5种不同的精油，增加香味的丰富性，不但可让香味有不一样的感受，同时还可使效果更佳，运用时能更舒适、接受度更高。调配精油的剂量控制以及精油浓度调配比例见表3—13、表3—14、图3—2。

表 3—13 调配精油的剂量控制

用途	浓度	精油（滴）	基础油（mL/次）
面部保养油	1%	10	50
敏感皮肤按摩油	0.5%～1%	2	10
干性皮肤按摩油	1%～1.5%	3	10
油性或暗疮皮肤按摩油	2%	4	10
身体减压舒缓肌肉按摩油	3%	9	15

表 3—14 精油浓度调配比例表

浓度\基础油	5 mL	10 mL	15 mL	20 mL	25 mL	30 mL	50 mL
0.1%	0.1	0.2	0.3	0.4	0.5	0.6	1.0
0.4%	0.4	0.8	1.2	1.6	2.0	2.4	4.0
0.5%	0.5	1.0	1.5	2.0	3.0	3.0	5.0
0.7%	0.7	1.4	2.1	2.8	3.5	4.2	7.0
0.8%	0.8	1.6	2.4	3.2	4.0	4.8	8.0
1.0%	1.0	2.0	3.0	4.0	5.0	6.0	10
1.4%	1.4	2.8	4.2	5.6	7.0	8.4	14
1.5%	1.5	3.0	4.5	6.0	7.5	9.0	15
2.0%	2.0	4.0	6.0	8	10	12	20
2.5%	2.5	5.0	7.5	10	12.5	15	25
3.0%	3.0	6.0	9.0	12.0	15.0	18.0	30.0

图 3—2　调配复方精油

2. 品质的选择

按摩时最好使用高品质的精油和植物基础油，必须找信誉良好的供应商，价格是品质的指标，低价混合物可能是天然精油和合成精油混合而成的，品质粗糙，不可以运用于芳香疗法。

（1）气味。每个人喜爱的香味不同，所以混合油的香味应是自己或顾客所喜欢的。一般来说，花香类、柑橘类的精油很容易混合；草本类、木头类和柑橘类的精油也容易混合；香料类精油则容易和树脂类精油混合。植物科属相近或同类植物相调和的精油气味较佳，而花香类精油则可与各类精油调和。有些精油的气味较强烈，如尤加利、薄荷、柠檬等，而檀香气味则较弱，要花时间才闻得到。

（2）挥发性。由于精油挥发性有快慢之分，在调配精油时，了解不同精油的挥发速度，有助于掌握该混合香味能持续多久。精油摸起来油油的，但却是高挥发性物质，只要滴在纸上 20 min，就会完全挥发。也有挥发性较慢的精油。挥发性指的是物质接触空气后消失的速度，也可以作为人体吸收快慢的判断，精油香味组合也需要依循挥发速度快慢来搭配，其散发出来的香味也会依照挥发速度的快慢由高音至低音渐渐散发出来。气味相近、植物科属相近或是挥发速度差不多的精油均可以互相搭配，形成复方精油。精油前调的香味给人以第一印象，中调是主要气味，后调是持续释出的香气。

3. 调配精油的注意事项

（1）调配精油必须经过专业训练才能进行，精油依照安全比例调配。

（2）须使用品质最好的精油和基础油调配。

（3）调配精油必须在通风良好的房间内进行，以免精油的强效气味引起不适，精油分子非常小，只要几滴的量整个房间就会有香熏的气味。

（4）使用消毒过的、干净且干燥的器具调配精油，即使 1 滴水就会使精油浑浊，甚至破坏其品质。

（5）精油必须在使用后紧栓瓶口，否则气化或不洁尘埃都会破坏精油品质。

（6）大量精油须倒入较小的容器内，以免起氧化作用。一次调配量以够用为原则，不宜过多调配，以免浪费珍贵的精油。

（7）保存精油须使用深色玻璃瓶及有特殊标准滴量的容器，因为精油的强度很大，一般的器皿或滴头会被溶蚀，光线也会影响精油的品质。

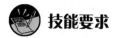 **技能要求**

复方精油调配的操作

操作准备

各类植物精油、基础油。

操作步骤

步骤1　填写咨询表（见表3—15）。

步骤2　根据咨询结果，选择正确的精油。

步骤3　根据咨询结果，选择正确的基础油。

步骤4　思考配方、浓度。

步骤5　正确计算比例。

注意事项

（1）咨询内容要完整、真实。

（2）根据症状设计护理项目。

（3）精算配比浓度，确保一人一方，不可重复使用。

（4）每个护养项目最好设计两个以上配方，交替使用。

表3—15　　　　　　　　　　　　　　顾客个人护养咨询表

姓名_____　性别_____　年龄_____　电话_____

身高_____　体重_____　职业_____　婚姻状况_____　子女_____

生活方式：运动☐　吸烟☐　饮酒☐　新鲜空气☐

饮食（口味）状况_____　　睡眠状况_____

皮肤类型：干性☐　油性☐　混合性☐　敏感性☐　老化☐

皮肤状况：皮肤炎☐　痤疮☐　湿疹☐　黑斑☐　皱纹☐　是否整形☐　手术☐　新疤痕☐　慢性病☐
　重病☐　常吃药☐　保健品☐

循环系统：心脏病☐　静脉曲张☐　水肿☐　高血压☐　低血压☐　淋巴疾病☐

消化系统：胃病☐　消化不良☐　胀气☐　厌食☐　恶心☐　胃痉挛☐　胃部不适☐

呼吸系统：鼻炎 ☐ 鼻窦炎 ☐ 咽炎 ☐ 气管炎☐ 咳嗽 ☐ 肺部不适☐ 喉咙不适 ☐

泌尿系统：肾炎 ☐ 膀胱炎 ☐ 尿道疾病 ☐ 其他_____

生殖系统：月经症状_____ 经前症状_____

　　　　　更年期症候群_____ 流产 ☐ 怀孕 ☐ 避孕药 ☐ 妇科病 ☐

内分泌系统：唾液分泌_____ 汗液分泌_____ 油脂分泌_____

　　　　　　甲状腺_____ 垂体_____ 肾上腺_____ 胸腺_____

神经系统：头痛 ☐ 偏头痛 ☐ 脑神经痛 ☐ 肩膀疼痛 ☐ 坐骨神经痛 ☐ 肌肉酸痛 ☐

脊椎疾病_____ 颈椎疾病_____ 关节炎_____ 风湿_____ 类风湿_____

服用药物_____ 常用化妆品_____

其他_____

芳香美容师_____ 顾客签名_____ 日期_____

本章测试题

一、单选题

1. 按精油的特性可分为亲油性、抗水性、（ 　 ）、可燃性。
   　A. 挥发性　　　　B. 可溶性　　　　C. 抗菌性　　　　D. 防腐性

2. 精油按挥发度可分为轻油、重油、（ 　 ）。
   　A. 中油　　　　B. 极轻油　　　　C. 极重油　　　　D. 中等油

3. 每种精油都精密、精致，其成分平均有（ 　 ）种。
   　A. 100　　　　B. 200　　　　C. 500　　　　D. 1 000

4. 使用精油无副作用，而且不滞留于体内，只要（ 　 ）就会很安全，并需视个人体质而定。
   　A. 少剂量使用　　B. 随意使用　　C. 剂量正确　　D. 嗅闻

5. 精油的价值与它的（ 　 ）和自然因素相关。
   　A. 产地　　　　B. 灌溉　　　　C. 日照程度　　　　D. 雨水量

6. 精油的品质跟它的农业因素、工业因素及（ 　 ）密切相关。
   　A. 采集时机　　B. 灌溉　　　　C. 日照程度　　　　D. 雨水量

7. 通过嗅觉测试精油的品质主要观察它的纯度和（ 　 ）。
   　A. 强度　　　　B. 味道好坏　　C. 闻过的感觉　　D. 味道轻重

8. 鉴别精油纯度的方法：离子色泽分析法、嗅觉测试、肉眼测试、能量测试、理化实验、（ 　 ）。

A. 可燃测试　　　　B. 味道测试　　　　C. 挥发测试　　　　D. 轻重度

9. 茴香精油、黑胡椒精油是萃取植物的（　　　）。

A. 种子　　　　B. 果实　　　　C. 树脂　　　　D. 枝叶

10. 没药精油、乳香精油是萃取植物的（　　　）。

A. 种子　　　　B. 果实　　　　C. 树脂、树胶　　　　D. 枝叶

11. 目前提炼精油最普遍的方式是（　　　）。

A. 蒸馏法　　　　B. 脂吸法　　　　C. 榨取法　　　　D. 溶剂法

12. 精油的主要化合物种类包括醇类、酯类、醛类、酮类、酚类、（　　　）。

A. 烯类　　　　B. 蛋白质　　　　C. 碳水化合物　　　　D. 香豆素类

13. 与醛类类似的精油是（　　　）。

A. 茉莉精油　　　　B. 玫瑰精油　　　　C. 佛手柑精油　　　　D. 大蒜精油

14. 植物的（　　　）主要具有繁衍作用，类似于人体的生殖及泌尿系统。

A. 花朵　　　　B. 根部　　　　C. 果实　　　　D. 枝叶

15. 植物的（　　　）是植物本身孕育的开始，可滋补细胞。

A. 种子　　　　B. 根部　　　　C. 果实　　　　D. 枝叶

16. 天竺葵精油是萃取植物的（　　　）。

A. 花和叶　　　　B. 花瓣　　　　C. 花蕊　　　　D. 茎

17. 在烫伤的第一时间，可用未稀释的100％的（　　　）精油涂抹烫伤部位。

A. 薰衣草　　　　B. 茉莉　　　　C. 洋甘菊　　　　D. 天竺葵

18. 哮喘病患者最好避免使用（　　　），以免发病。

A. 蒸汽吸入法　　　　B. 精油按摩　　　　C. 精油泡澡　　　　D. 洋甘菊

19. 精油可增加皮肤对光线的敏感度，经常日光浴的顾客不宜使用精油，使用后（　　　）不能晒太阳。

A. 半小时　　　　B. 1小时　　　　C. 2小时　　　　D. 3小时

20. 芳香疗法所选用的植物基础油是经过（　　　）提炼的。

A. 蒸馏法　　　　B. 冷压法　　　　C. 溶剂法　　　　D. 脂吸法

21. 基础油被用来（　　　），这样才能以正确的剂量将精油用来按摩或涂抹于皮肤上。

A. 稀释精油　　　　B. 补充营养　　　　C. 增加能量　　　　D. 保湿作用

● **二、判断题**（下列判断正确的请打"√"，错误的打"×"）

1. 有些精油可溶于酒精、固体油及水中。　　　　　　　　　　　　　（　　　）

2. 中音的精油挥发度适中，具有镇定安抚作用。　　　　　　　　　　（　　　）

3. 精油不滞留于人体内，48 小时之内可观察是否使用精油的相异之处。　　（　　）

4. 所有的精油与生俱来都具有抗病毒性、抗细菌性、抗虫害性。　　（　　）

5. 历史记载，精油的价格与 2 000 年前不分上下，精油最早是经过拍卖才能出售的。

　　　　　　　　　　　　　　　　　　　　　　　　　　　　　　（　　）

6. 精油价格越昂贵，其品质一定越好。　　（　　）

7. 经过化学合成的精油的气味与植物精油相近，所以也有同样的作用。　　（　　）

8. 化学的芳香剂没有抗菌和抗病毒的功能。　　（　　）

9. 好的精油的来源必须在植物成熟后、具有最佳生命动力的时候采集。　　（　　）

10. 精油的质量会受气候、土壤、雨水、山间灵气、采集时间等因素影响。　　（　　）

11. 叶类植物精油的最佳萃取时机是在花朵成熟后。　　（　　）

12. 尤加利精油、茶树精油萃取植物茎的部分。　　（　　）

13. 用脂吸法萃取的植物精油其价格非常昂贵。　　（　　）

14. 目前很少用脂吸法萃取精油，现只在埃及还在使用此法。　　（　　）

15. 含醇类和酯类的精油比较温和。　　（　　）

16. 含醛类、酮类、酚类的精油比较强烈，所以效果也比较明显。　　（　　）

17. 洋甘菊精油的挥发度是：高度。　　（　　）

18. 洋甘菊精油适用于干燥皮肤、暗疮皮肤、发炎及微血管破裂的皮肤。　　（　　）

19. 薰衣草精油在神经治疗方面可安抚情绪、净化心灵、平衡中枢神经。　　（　　）

20. 薰衣草精油在皮肤方面的疗效可促进细胞再生，平衡油脂分泌。　　（　　）

21. 精油使用非常安全，不具有毒性。　　（　　）

22. 精油在内服时较易发生灼伤食道黏膜现象。　　（　　）

23. 孕妇及儿童避免使用精油。　　（　　）

24. 癌症病人在某种情况下可以使用精油。　　（　　）

25. 纯精油滴于水中会形成薄膜，并漂浮于水面上；非纯精油会聚集成一点一点的油滴。　　（　　）

26. 在超市里见到的植物精油许多是由化学介质制造出来的，但可以用于芳香疗法。

　　　　　　　　　　　　　　　　　　　　　　　　　　　　　　（　　）

27. 苦杏仁油具有毒性，不可使用。　　（　　）

28. 食用杏仁油可以平衡内分泌系统的脑下垂体、胸腺和肾上腺，促进细胞新陈代谢。　　（　　）

29. 荷荷巴油可以改善粗糙的发质，防止头发晒伤及柔软头发，还可帮助头发变乌黑及预防分叉，是良好的护发素。　　（　　）

30. 月见草油最常用来制作胶囊内服，以治疗心血管疾病、更年期综合征。　　（　　）

本章测试题答案

一、单选题

1. A　　2. A　　3. A　　4. C　　5. A　　6. A　　7. A　　8. A　　9. A

10. C　11. A　12. A　13. A　14. A　15. A　16. A　17. A　18. A

19. A　20. B　21. A

二、判断题

1. ×　　2. √　　3. √　　4. √　　5. √　　6. ×　　7. ×　　8. √　　9. √

10. √　11. √　12. ×　13. √　14. ×　15. √　16. √　17. ×　18. √

19. √　20. √　21. ×　22. √　23. √　24. ×　25. √　26. ×　27. √

28. √　29. √　30. √

第 4 章

芳香美容技术的基础理论

第1节 芳香美容的医学基础理论

 学习目标

➢了解人体各系统及器官组成

➢熟悉中医基础理论体系组成

➢掌握淋巴结的分布及十二经络走向

➢能够对顾客的健康问题进行分析指导

 知识要求

一、人体解剖理论概述

1. 心血管系统

人体循环系统包括心血管系统和淋巴系统两部分。心血管系统由心脏、动脉、静脉和毛细血管组成，其中流动着血液。其主要功能是将消化管吸收的营养物质、肺吸入的氧和内分泌腺分泌的激素运到全身各器官、组织和细胞，并将代谢产生的二氧化碳和其他废物运往肺、肾和皮肤排出体外，以保证机体新陈代谢的正常进行。

（1）心血管系统的组成。心脏是血液循环的动力器官，通过节律性收缩，像水泵一样把从静脉吸入的血液不断推送到动脉。

1）动脉。动脉是运送血液离开心脏的管道，在行程中不断分支，越分越细，最后成为毛细血管。动脉因承受压力较大，故管壁较厚，如图4—1所示。

2）静脉。静脉是引导血液返回心脏的管道，起于毛细血管，在回心脏途中逐渐汇合变粗，最后注入右心房。静脉因承受压力较小，故管壁较薄，其管径比动脉大，管壁内有静脉瓣，可防止血液逆流。如图4—2所示。

3）毛细血管。毛细血管是连接动脉与静脉之间的微血管，分布广泛，几乎遍布全身。毛细血管管壁极薄，是血液与组织细胞之间进行物质交换的场所。

（2）血液循环的路径。血液由心脏搏动而射出，经动脉、毛细血管和静脉，再返回心脏，周而复始，形成血液循环。人体血液循环可分为体循环和肺循环，两个循环是同时进行的，如图4—3所示。

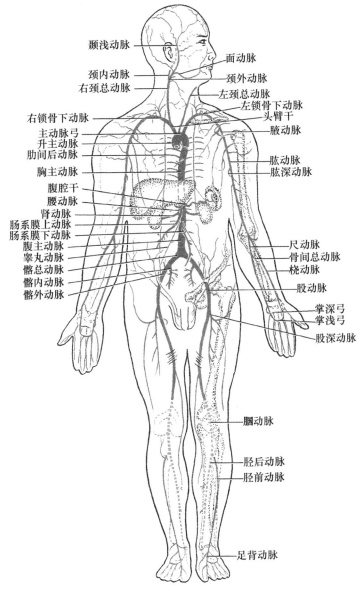

颞浅动脉
面动脉
颈内动脉
颈外动脉
右颈总动脉
左颈总动脉
左锁骨下动脉
右锁骨下动脉
头臂干
主动脉弓
腋动脉
升主动脉
肋间后动脉
肱动脉
胸主动脉
肱深动脉
腹腔干
腰动脉
肾动脉
肠系膜上动脉
肠系膜下动脉
尺动脉
腹主动脉
骨间总动脉
睾丸动脉
桡动脉
髂总动脉
股动脉
髂内动脉
掌深弓
髂外动脉
掌浅弓
股深动脉

腘动脉

胫后动脉
胫前动脉

足背动脉

图 4—1 体循环动脉示意图

　　1）体循环。体循环又称大循环。左心室收缩时，由左心室射出的动脉血注入主动脉，经各级动脉分支到达全身毛细血管，血液在此与周围的组织细胞进行物质交换，把动脉血带来的营养物质和氧送给组织细胞，同时带走其新陈代谢产生的二氧化碳和其他废物，这时鲜红的动脉血变成暗红的静脉血。静脉血再经小静脉、中静脉，最后经上、下腔静脉返回右心房。体循环的特点是径路长、流经范围广、以动脉血滋养全身各部器官。

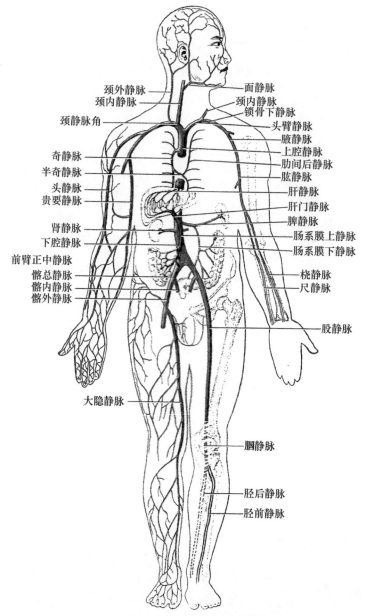

颈外静脉
颈内静脉
颈静脉角
奇静脉
半奇静脉
头静脉
贵要静脉
肾静脉
下腔静脉
前臂正中静脉
髂总静脉
髂内静脉
髂外静脉
大隐静脉

面静脉
颈内静脉
锁骨下静脉
头臂静脉
腋静脉
上腔静脉
肋间后静脉
肱静脉
肝静脉
肝门静脉
脾静脉
肠系膜上静脉
肠系膜下静脉
桡静脉
尺静脉
股静脉
腘静脉
胫后静脉
胫前静脉

图 4—2　体循环静脉示意图

2）肺循环。肺循环又称小循环。由右心室射出的静脉血注入肺动脉，经肺动脉各级分支到达肺泡周围的毛细血管网，在此进行气体交换，使静脉血重新变成含氧丰富的动脉血；然后动脉血经肺静脉各级属支，再经肺静脉返回左心房。肺循环的特点是径路短、只

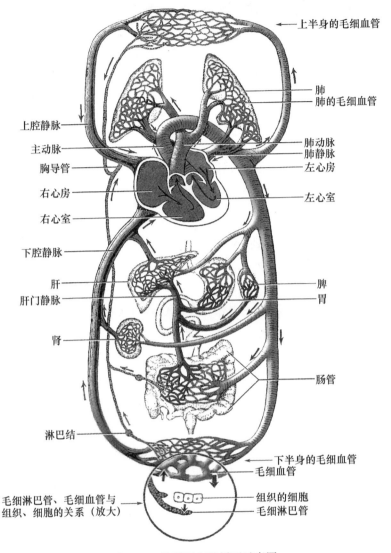

上半身的毛细血管

肺
肺的毛细血管

上腔静脉

主动脉

胸导管

右心房

右心室

下腔静脉

肝

肝门静脉

肾

淋巴结

肺动脉
肺静脉
左心房

左心室

脾
胃

肠管

下半身的毛细血管
毛细血管

毛细淋巴管、毛细血管与
组织、细胞的关系（放大）

组织的细胞
毛细淋巴管

图 4—3　体循环和肺循环示意图

流向肺、主要功能是完成气体交换。

（3）血液的组成。血液是在血管中流动的液体，可分为动脉血和静脉血。动脉血呈鲜红色，含氧量高；而静脉血呈暗红色，含二氧化碳浓度高。

1）红细胞。红细胞呈双凹圆盘状，边缘较厚，中央较薄，平均寿命为 120 天。红细胞内含的血红蛋白在机体的代谢过程中起重要作用，它从肺部带氧到全身的各组织和细胞，同时也运输细胞所排出的二氧化碳到肺。红细胞和血红蛋白低于正常值时，则为贫血。

2）白细胞。白细胞包括中性粒细胞、嗜酸粒细胞、嗜碱粒细胞、淋巴细胞和单核细胞，中性粒细胞具有防御作用，能吞噬细菌、真菌及其他异物等。

3）血小板。血小板由骨髓巨核细胞脱落下来的胞质小块构成。当血管破损时，血小板顺血液流到破损处，发挥止血和凝血作用。

4）血浆。血浆是具有黏稠性黄色半透明的液体，有凝固能力，内含清蛋白、纤维蛋白原、酶、激素、糖、无机盐及代谢产物等。其主要作用是产生免疫抗体、调节血液的酸碱度和渗透力以及止血。

血液循环对维持机体内环境理化特性的相对稳定以及机体防卫功能等均有重要作用。在芳香疗法领域中，如果要使精油发挥其特有的功效，正常血液循环是必备的条件，因为精油需要借助血液循环运送到全身。在改善心血管系统方法中，一般采用热敷心脏部位、脊椎按摩或精油沐浴。采用的精油一般以平衡血压、平衡体温、刺激血液循环的阳性精油为主，如肉桂、杜松、快乐鼠尾草、薰衣草、玫瑰、天竺葵、百里香、安息香等精油。

2. 淋巴系统

淋巴系统由淋巴管道、淋巴器官和淋巴组织组成（见图4—4）。淋巴管道内流动着的液体称为淋巴液。淋巴管道由毛细淋巴管、淋巴管、淋巴干和淋巴导管组成。淋巴器官包括淋巴结、脾和腭扁桃体。淋巴组织是含有大量淋巴细胞的网状结缔组织，主要分布于消化管和呼吸道的黏膜下。淋巴液沿淋巴管道向心脏流动，最后流入静脉。因此，淋巴系统是心血管系统的辅助系统，协助静脉引流组织液。此外，淋巴组织和淋巴管具有产生淋巴细胞、过滤淋巴液和进行免疫应答的功能。

（1）淋巴液。淋巴液的成分与血浆相似，是血浆成分渗入细胞间隙形成组织液后，再渗入毛细淋巴管中形成的。淋巴是血液的辅助成分，能调节物质交换，如某些分子量较大的物质，血管不能吸收，但能渗透入淋巴管到淋巴中，如脂肪酸、脂肪微粒和脂溶性维生素等。吸收后的物质经淋巴循环再次进入血液内，送到体内各器官组织。

（2）淋巴管。淋巴管由毛细淋巴管汇合而成，管壁内面有丰富的瓣膜，以保证淋巴液向心脏流动。当淋巴管被切断或肿瘤、寄生虫等引起淋巴管阻塞时，可重新建立淋巴侧支循环，恢复淋巴回流功能，同时，也为癌细胞扩散创造了条件。

（3）淋巴结。淋巴结为圆形或椭圆形小体，对淋巴液进行过滤，并把自身产生的淋巴细胞释放入淋巴液中。当某器官或某部位发生病变时，毒素、细菌、寄生虫或癌细胞可沿淋巴管到达相应的局部淋巴结，该局部淋巴结有阻截、消灭这些病菌的能力，防止病菌扩散，对机体起保护作用。

（4）脾。脾是人体最大的淋巴器官，具有储血、造血、清除衰老红细胞、产生淋巴细胞和进行免疫应答的功能。

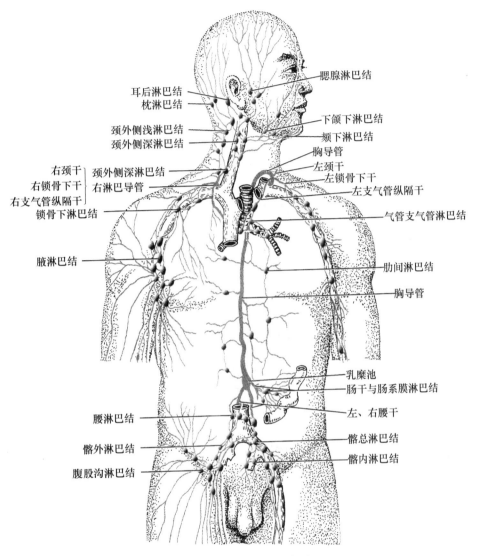

耳后淋巴结
枕淋巴结
颈外侧浅淋巴结
颈外侧深淋巴结

腮腺淋巴结
下颌下淋巴结
颏下淋巴结
胸导管
左颈干
左锁骨下干
左支气管纵隔干
气管支气管淋巴结

右颈干
右锁骨下干   颈外侧深淋巴结
右支气管纵隔干 右淋巴导管
锁骨下淋巴结

腋淋巴结

肋间淋巴结

胸导管

乳糜池
肠干与肠系膜淋巴结
左、右腰干

腰淋巴结

髂总淋巴结
髂内淋巴结

髂外淋巴结
腹股沟淋巴结

图4—4 淋巴系统示意图

　　淋巴循环不良的人，尤其是踝部、臀部、大腿等部位出现蜂窝织炎时，产生的有毒物质会引起淋巴回流障碍。芳香疗法的淋巴按摩可以有效地加强淋巴的排泄功能，例如，用天竺葵、杜松和迷迭香等精油进行按摩效果显著。黑胡椒和广藿香经过调配，用其从肢体末端逐渐向锁骨方向的按摩，可促进淋巴流入血液，从而改善身体的不适症状。精油还具有刺激白细胞增多和增强细胞吞噬的作用。刺激白细胞增多的精油有洋甘菊、佛手柑、柠檬、百里香、檀香、松树和岩兰草等精油，但所有这些精油能否起效及效果是否显著，取决于人体的体质和健康状况。

3. 消化系统

消化系统由消化管和消化腺两部分组成，如图4—5所示。

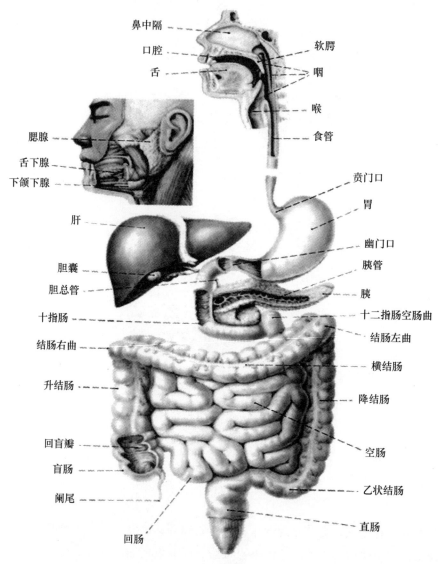

图4—5 消化系统示意图

（1）消化管。消化管是从口腔至肛门的迂曲管道，长约9 m，包括口腔、咽、食管、胃、小肠、大肠等。口腔内有牙齿和舌，还有3对唾液腺。咽是空气和食物的共同管道。食管上接咽，下连胃。胃位于左上腹部，是消化管中最膨大的部分，有收纳食物和分泌胃液的作用。小肠是消化管中最长的一段，也是食物消化吸收最重要的场所，全长 5～7 m，可分为十二指肠、空肠和回肠。大肠全长约 1.5 m，略呈方框形，围绕在空、回肠周围，可分为盲肠、阑尾、结肠、直肠和肛管。

（2）消化腺。消化腺是分泌消化液的腺体，包括大消化腺和小消化腺两种。大消化腺是肉眼可见、独立存在的器官，如 3 对唾液腺（即腮腺、下颌下腺和舌下腺）、肝、胰等。小消化腺是散布于整个消化管壁内的无数小腺体，如唇腺、颊腺、胃腺和肠腺等。

消化系统主要功能是摄取食物，消化食物，吸收其中的营养物质，作为机体活动能量的来源和生长发育的原料，排出糟粕。此外，口腔、咽还与呼吸、发音和语言等活动有关。数千年来，人们在烹饪食物过程中，经常运用迷迭香、茴香、欧薄荷、豆蔻等芳香物质。丁香、薰衣草、薄荷、迷迭香等精油均具有刺激唾液分泌的功能，肉桂、茴香、马沃兰、迷迭香等精油有改善便秘及肠道功能的作用。芳香疗法运用于消化系统上，可采用熏香、背部腰部脊椎按摩、胃部腹部热敷或按摩、浸浴等方法。

4. 呼吸系统

呼吸系统由肺外呼吸道和肺组成，如图 4—6 所示。

呼吸道包括鼻、咽、喉、气管和支气管。肺由肺泡和肺内各级支气管组成。临床上常

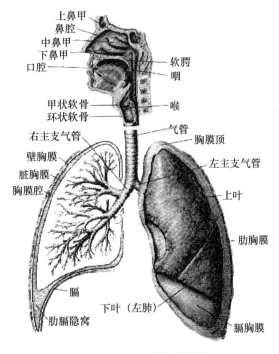

图 4—6　呼吸系统示意图

把鼻、咽、喉称为上呼吸道，气管、支气管合称为下呼吸道。

呼吸系统的主要功能是进行机体与外界环境之间的气体交换，即吸入氧气，排出二氧化碳。另外，还有语言、发音的功能。医学上已经证明，尤加利精油对治疗流行性感冒效果明显，佛手柑、黑胡椒、快乐鼠尾草、欧薄荷、百里香、茶树、薰衣草、柠檬等是预防和改善呼吸系统疾病的精油。精油最大的特点是具有抗菌、杀菌的作用，能改善呼吸系统中的咳嗽、咳痰等症状。精油运用于呼吸系统，可采用芳香疗法中的蒸汽吸入法、热敷以及精油按摩等方法。

5. 泌尿系统

泌尿系统由肾、输尿管、膀胱和尿道组成，如图4—7所示。

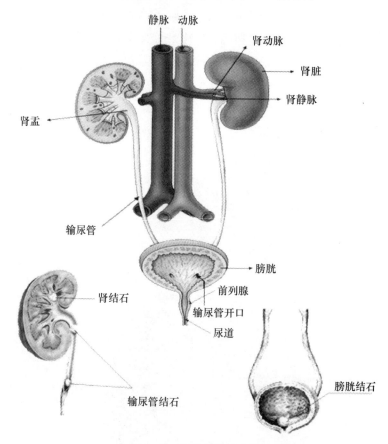

图4—7　泌尿系统示意图

肾位于腹后壁脊椎两侧，左右各一，是形成尿液的器官。输尿管是一对细长的输送尿液的管道，上端与肾盂相通，下端开口于膀胱底。膀胱位于盆腔内，有暂时储存尿液的作用。尿道是尿液由膀胱排出体外的通道。

泌尿系统的主要功能是排出机体中溶于水的代谢产物。机体在代谢过程中所产生的废物，通过血液循环到达肾，经肾产生尿液，然后经输尿管输送到膀胱暂时储存。当排尿时，膀胱收缩，尿液经尿道排出体外。檀香、杜松、鼠尾草和百里香精油能杀灭尿道中的葡萄球菌，杜松精油还可提高肾小球的过滤功能及增加钾、钠的含量，檀香精油能改善肾衰的尿血症状，洋甘菊和天竺葵精油有溶解尿道结石的功效，佛手柑、尤加利、茶树精油有杀灭尿道中细菌的作用。用洋甘菊、杜松或松树精油热敷下腹部可以促进排尿以及减轻前列腺不适等症状，热敷下背部（尤其是肾区）可改善泌尿系统不适等症状。精油运用于泌尿系统，可采用臀部泡浴、腰椎及尾椎的精油按摩或局部湿敷等方法。

6. 生殖系统

生殖系统可分为男性生殖系统和女性生殖系统，它们都包括内生殖器和外生殖器两部分。

男性的生殖腺是睾丸，是产生精子和分泌男性激素的器官；生殖管道包括附睾、输精管、射精管和尿道；附属腺包括精囊、前列腺和尿道球腺。

女性的生殖腺是卵巢，是产生卵子和分泌女性激素的器官；生殖管道包括输卵管、子宫和阴道；附属腺为前庭大腺。女性外生殖器即女阴，包括阴阜、大阴唇、小阴唇、阴道前庭、阴蒂和前庭球，如图4—8所示。

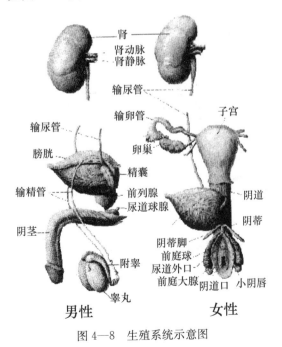

图4—8　生殖系统示意图

生殖系统的主要功能是产生生殖细胞，繁殖后代，延续种族，分泌性激素以维持性征。佛手柑和檀香精油有杀菌的功效，能改善淋病症状。茉莉和杜松精油有刺激子宫收缩的作用，对快速分娩和无痛分娩很有帮助，而且精油具有较好的安全性，可采用精油热敷下腹部或进行下背部按摩。茉莉和依兰精油的气味有激发性欲、改善性功能作用，能辅助治疗性欲低下、性冷淡患者。精油运用于泌尿系统，可采用精油按摩、精油臀浴或阴道灌洗等方法。

7. 内分泌系统

人体的腺体有两类：一类是有导管的腺体，如唾液腺、汗腺、皮脂腺等，其分泌物都通过导管排出，这类腺体称外分泌腺；另一类是没有导管的腺体，其分泌物为激素，直接进入血液或淋巴，然后运送到全身各处，这类腺体称内分泌腺。内分泌系统指内分泌腺而言，可分为内分泌器官和内分泌组织，内分泌器官是指形态结构独立存在、肉眼可见的，如甲状腺、甲状旁腺、肾上腺、垂体、胸腺和松果体。内分泌组织是指内分泌细胞团块，分散于其他器官内，如胰腺内的胰岛、睾丸内的间质细胞、卵巢内的卵泡和黄体以及胃肠道等各处有内分泌功能的细胞组织，如图4—9所示。

内分泌腺所分泌的激素对机体的新陈代谢、生长发育和维持机体内环境起着重要的调节作用。精油运用在内分泌系统，其作用有两个方面：首先，精油能刺激体内的内分泌腺和内分泌组织，促进性激素的分泌，并使激素分泌正常；其次，许多植物精油中含有植物激素，如罗勒、天竺葵、松树、迷迭香和快乐鼠尾草精油具有促进肾上腺皮质分泌激素，薄荷和茉莉精油具有刺激垂体分泌激素。植物激素可分为三类：性激素、胚胎激素和生长激素。当性激素旺盛时，其他激素效力相应降低；胚胎激素通常会引起生长激素分泌，生长激素会引起性激素分泌，而性激素又促进胚胎激素分泌。

8. 神经系统

按位置和功能不同，神经系统分为中枢神经系统和周围神经系统两部分。中枢神经系统包括脑和脊髓，周围神经系统包括脑神经和脊神经，如图4—10所示。

（1）脑。脑位于颅腔内，质量为1 200～1 500 g，可分为大脑、间脑、小脑、中脑、脑桥和延髓六部分。通常将中脑、脑桥和延髓合称为脑干。

（2）脊髓。脊髓位于椎管内，呈前后稍扁的圆柱形，上接延髓，下端平第一腰椎体下缘，全长可分为31个脊髓节段。

（3）脑神经。脑神经共12对，分别定名为嗅神经、视神经、动眼神经、滑车神经、三叉神经、展神经、面神经、前庭蜗神经、舌咽神经、迷走神经、副神经和舌下神经。

（4）脊神经。脊神经共31对，即颈神经8对，胸神经12对，腰神经5对，骶神经5对，尾神经1对。脊神经出椎间孔后立即分为前支和后支。后支一般较相应前支细而短，

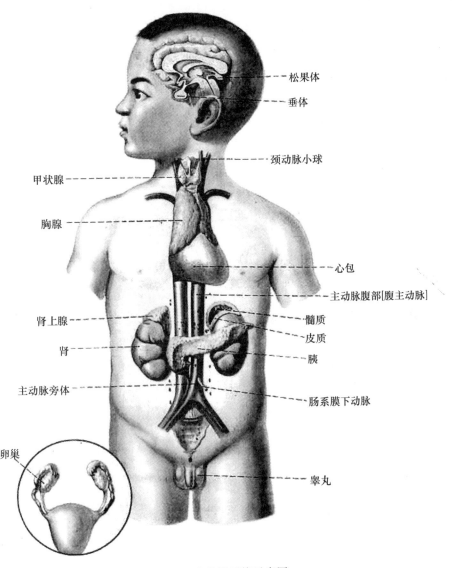

松果体

垂体

颈动脉小球

甲状腺

胸腺

心包

主动脉腹部[腹主动脉]

肾上腺

髓质

皮质

肾

胰

主动脉旁体

肠系膜下动脉

卵巢

睾丸

图4—9　内分泌系统示意图

呈节段性分布于枕、项、背、腰、臀部的皮肤及脊柱两侧深部的肌肉中。前支粗大，分布于躯干前外侧和四肢的肌肉和皮肤中，除胸神经前支保持明显的节段性，其余的前支分别交织成丛，即颈丛、臂丛、腰丛和骶丛。

　　神经系统在人体生命活动中起着主导作用，既能调节体内各器官之间生理活动，使机体成为统一的整体；又能调节机体功能活动与不断变化的外界环境相适应，从而保证机体内、外环境的相对平衡。人脑能主动地认识和改造世界，具有高级语言思维能力，超脱了

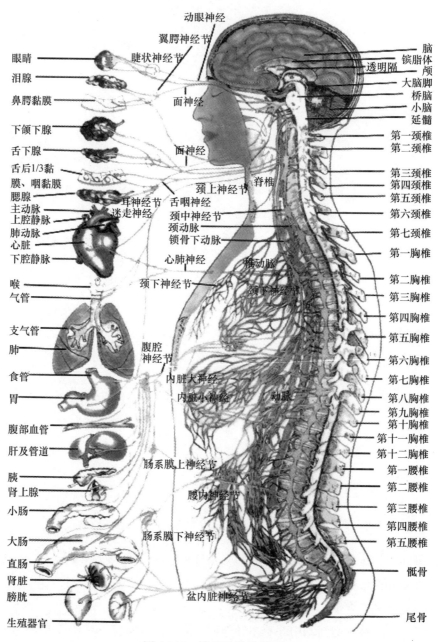

交感神经　　　副交感神经　　　脑脊髓神经

动眼神经
翼腭神经节
睫状神经节
眼睛
泪腺
鼻腭黏膜　　　面神经
下颌下腺
舌下腺　　　　面神经
舌后1/3黏
膜、咽黏膜
腮腺　　　　　颈上神经节
耳神经节　舌咽神经
主动脉　　迷走神经
上腔静脉　　　颈中神经节
肺动脉　　　　颈动脉
心脏　　　　　锁骨下动脉
下腔静脉　　　心肺神经
喉　　　　　　颈下神经节
气管
支气管
肺　　　　　　腹腔
神经节
食管
胃　　　　　　内脏大神经
内脏小神经
腹部血管
肝及管道
胰　　　　　　肠系膜上神经节
肾上腺
小肠　　　　　腰内神经节
大肠　　　　　肠系膜下神经节
直肠
肾脏
膀胱
生殖器官　　　盆内脏神经节

脑
镍脂体
颅
透明隔
大脑脚
桥脑
小脑
延髓
第一颈椎
第二颈椎
第三颈椎
第四颈椎
第五颈椎
第六颈椎
第七颈椎
第一胸椎
第二胸椎
第三胸椎
第四胸椎
第五胸椎
第六胸椎
第七胸椎
第八胸椎
第九胸椎
第十胸椎
第十一胸椎
第十二胸椎
第一腰椎
第二腰椎
第三腰椎
第四腰椎
第五腰椎
骶骨
尾骨

脊椎
颈丛神经节
主动脉
动脉

图 4—10　神经系统示意图

一般动物的范畴，这是人类神经系统最主要的特点。芳香疗法应用于神经系统上，采用按摩以及刺激嗅觉等方法。佛手柑、洋甘菊、薰衣草、尤加利、薄荷、迷迭香、檀香、玫瑰、橙花、茉莉、马沃兰等精油具有安神、抗过敏作用，可用于失眠和神经过敏；洋甘菊、快乐鼠尾草、杜松、薰衣草和迷迭香等精油具有镇静止痛作用，可用于疼痛病症；香柏木、茴香、豆蔻、肉桂、柠檬和依兰等精油具有兴奋神经作用，可用于精神抑郁、身体疲倦等症状。

二、中医基础理论概要

中国传统医学源远流长，博大精深，对中医基础理论的主要特点和内容应有所了解。中医理论体系的主要特点有以下两点。

一是整体观念。整体观念，就是强调事物的统一性和完整性。在中医学中，整体观念主要体现在两个方面。首先，中医学强调人体本身是一个有机结合的整体，人体内的各个器官、组织虽是独立的，但是它们之间又是相互联系、相互影响、互相协调、互相作用的；其次，中医学强调人体与周围环境又是一个整体，就是古人所说的"天人合一"。因为人类不可能脱离它所依附的生存空间的制约和给养，人类确实对自然界产生了巨大影响，但更重要的还是自然界在无时无刻地反馈给人类，自然界是人类的母亲。这种人与自然内外环境的统一互动性以及人体自身的整体性，形成了中医药学独有的整体观念思想。

二是辨证论治。辨证论治，既是中医学认识疾病和治疗疾病的主要特点，也是中医学对待疾病的一种特殊的研究和处理方法。"证"是中医学对疾病发展到一定阶段的病理概括，其包括疾病的部位（如脏腑、经络、气血、表里等）、原因（外感六淫、内伤七情、痰饮瘀血等）、性质（寒热、阴阳等）以及致病因素与人体正气相抗争的形势分析。由此可见，辨证之"证"比症状之"症"更能全面、深刻、正确地揭示疾病的本质。辨证就是将四诊（望、闻、问、切）得到的症状和体征，加以分析、综合，辨清疾病的原因、性质、部位、邪正之间的关系，通过概括判断为某种性质的证。论治又称施治，它是根据辨证的结果，确定相应的治则治法。辨证是决定治疗的前提和依据，论治是治疗疾病的手段和方法。

1. 阴阳学说

阴阳是中国古代哲学中对自然界相互关联的事物和现象对立双方属性的概括，它含有对立统一的两个方面。阴和阳，既可代表相互对立的两个事物，也可用以分析一个事物内部所存在着的相互对立的两个方面。所以，阴和阳代表着相互对立又相互关联的事物属性。一般来说，活动的、外在的、上升的、温热的、明亮的、机能亢进的事物都属于阳；沉静的、内在的、下降的、寒冷的、灰暗的、机能衰退的事物都属于阴。例如：天为阳，地为阴；昼为阳，夜为阴；男为阳，女为阴；上部为阳，下部为阴；背部为阳，腹部为阴；六腑为阳，五脏为阴。由此可知，天地间任何事物都可以分为阴阳两类。阴阳太极图如图 4—11 所示。

图 4—11　阴阳太极图

阴阳学说的基本内容如下：

（1）对立制约。阴阳学说认为自然界一切事物或现象都存在相互对立的阴阳两方面。阴阳既是对立的，又是统一的。如兴奋为阳，抑制为阴；运动为阳，静止为阴；分化为阳、合成为阴等。人体之所以能进行正常的生命活动，就是机体的阴与阳互相对立、又互相制约的结果。若这种动态平衡遭到破坏，即是疾病，如阴虚则阳亢，阳虚则阴盛。

（2）互根互用。阴阳双方既是互相对立的，又是相互依存的，任何一方都不能脱离另一方而单独存在。如果由于某些原因，阴和阳之间这种互根互用关系遭到了破坏，就会导致"阴损及阳，阳损及阴""孤阴不生，独阳不长"等病理状态。

（3）消长平衡。消长平衡是指阴和阳之间的平衡不是静止和绝对的，而是在一定限度、一定时空内的"阴消阳长""阳消阴长"之中维持着相对的平衡。所以说运动是绝对的，静止是相对的；消长是绝对的，平衡是相对的。只有不断地消长和不断地平衡，才能维持机体的正常生命活动。

（4）相互转化。相互转化是指阴可以转化为阳，阳也可以转化为阴。阴阳相互转化，一般都表现在事物变化的"物极"阶段，即"物极必反"。如中医临床上可出现"热极生寒，寒极生热"的病理状态。

综上所述，阴和阳是事物的相对属性，因而存在无限可分性；阴阳的对立制约、互根互用、消长平衡和相互转化等是说明阴和阳之间的相互关系不是孤立、静止不变的，它们之间是互相联系、互相影响的。

2. 五行学说

五行即是木、火、土、金、水五种物质的运动。五行学说认为世界上的一切事物都是由木、火、土、金、水五种基本物质之间的运动变化而生成的，同时还以五行之间的生克关系来阐释事物之间的相互联系，认为任何事物都不是孤立、静止的，而是在不断地相生、相克的运动之中维持着协调平衡的。

（1）五行的特性

木曰曲直，引申为具有生长、生发、条达舒畅作用的事物特性。

火曰炎上，引申为具有温暖、升腾作用的事物特性。

土曰稼穑，引申为具有生化、承载、受纳作用的事物特性。

金曰从革，引申为具有清洁、肃降、收敛等作用的事物特性。

水曰润下，引申为具有寒凉、滋润、向下运动作用的事物特性。

（2）事物的五行属性推演和归类

五行的演绎归类见表4—1、表4—2。

表4—1 自然界五行属性表

五味	五色	五化	五气	五方	五季	五行
酸	青	生	风	东	春	木
苦	赤	长	暑	南	夏	火
甘	黄	化	湿	中	长夏	土
辛	白	收	燥	西	秋	金
咸	黑	藏	寒	北	冬	水

表4—2 人体五行属性表

五脏	六腑	五官	形体	情志	五液	五行
肝	胆	目	筋	怒	泪	木
心	小肠	舌	脉	喜	汗	火
脾	胃	口	肉	思	涎	土
肺	大肠	鼻	皮毛	悲	涕	金
肾	膀胱	耳	骨	恐	唾	水

（3）五行的生、克、乘、侮

1）相生。相生是指这一事物对另一事物具有促进、助长和滋生的作用。五行相生的次序为：木生火、火生土、土生金、金生水、水生木。

2）相克。相克是指这一事物对另一事物的生长和功能具有抑制和制约的作用。五行相克的次序为：木克土、土克水、水克火、火克金、金克木。

相生和相克均用于说明事物正常的发生、发展及变化，中医学也用其阐述人体正常的生命运动。

3）相乘。乘即是以强凌弱的意思，相乘是指五行中的某"一行"过于强盛造成对被克制的"一行"克制太过，使得被克的"一行"虚弱。例如，木旺乘土，中医临床都用于阐述肝气郁滞，或肝火偏旺容易损伤脾胃的病理状态。

4）相侮。侮指"反侮"，相侮是指由于五行中的某"一行"过于强盛，对原本"克我"的"一行"进行反侮。例如，木旺侮金（本因金克木，因木旺反侮金），也就是肝火犯肺的意思。

3. 气血学说

（1）气。中医学理论认为，气是一种不断运动着的具有很强活力、维持人体生命运动的基本物质，它来源于秉受父母的先天之精气和自然界的后天之精气（饮食中的营养物质及吸入的精气），经过肺、脾、肾等脏器的运化结合而成。

1）气的生理功能：气对人体具有多种生理作用。

①推动作用：人体脏腑、器官、经络的各种生理活动均需要依靠气的推动。若气虚，上述生理功能势必减退。

②气化作用：气化是指通过气的运动而产生的各种变化，即指精、气、血、津液各自的新陈代谢及其相互转化。若气虚或气滞，多会影响机体的气化功能。

③温煦作用：气能提供人体的能量与热量。若气虚，温煦功能减退，就会导致畏寒肢冷等病理现象，中医学习惯称之为阳气虚。

④防御作用：气能护卫全身肌表，抵御外邪的入侵。若气虚，影响防御功能，就会出现容易生病，且病后不易康复的现象。

⑤固摄作用：气可防止血、津液等液态物质的无故流失。若气虚，则易出现自汗、多尿、滑精及多种出血倾向。

2）气的分类：由于人体之气所在部位、生理功能等的不同，尚有多种不同称谓的气。

①元气：人之真气受之于父母，藏于肾脏，而且不断从脾胃运化而来的水谷精微中得到补充，以供全身。元气为人身的原动力，加上后天水谷精微之气的补充，使之生生不息，从而不断推动五脏各司其职。人体健康的根本就是保证元气充实，不要轻泄真元，更不能伤及真元，否则，必然有损于健康长寿。

②宗气：宗气聚于胸中，由肺吸入的清气与脾胃运化的水谷精气相合而成。宗气的作用主要在于鼓动和激发心肺功能，并助发音。若宗气虚，则多见心肺功能减弱及语声低微

等症。

③营气与卫气：营气又称荣气，为水谷精微化生的精气之一，具有营养周身、化生血液、促进血液运行的作用。所以，营气虚往往与血虚并存，中医临床称之为营血亏虚。卫气的生成根源于肾，敷布周身，发挥其护卫人体、温养肌肤、调控汗液分泌的作用。若卫气虚，多见容易感冒、自汗、畏寒等症。

（2）血。血是构成人体和维持人体生命活动的基本物质之一，并为人体提供营养。中医学理论认为，就形态而言，气无形，血有形；就属性而言，气属阳，血属阴。血是由气和津液在中焦变化而成的，血为人体生理活动，尤其是精神情志活动提供营养。血在脉中运行，内至脏腑，外达皮肉筋骨，不断对全身各脏腑组织器官起着营养和滋润作用，以维护人体正常的生理活动。

（3）津液。血液之外的体液被称为津液。其中清稀则为津，主要起滋润作用，稠浊则为液，主要起濡养作用。津液生成与输布要经过胃气的受纳，脾气的运化，肺气的宣降，肾和膀胱的气化作用，才能维持其正常的代谢过程。津液布散于全身，以养五脏六腑、四肢百骸；其中的废物则变成尿液与汗液，由膀胱排出，或由腠理发散。

4. 脏腑学说

脏腑是内脏的总称，包括五脏、六腑与奇恒之腑三类。脏即心、肝、脾、肺、肾五脏；腑即胆、胃、小肠、大肠、膀胱、三焦六腑；奇恒之腑是脑、髓、骨、脉、胆、女子胞（子宫）。五脏六腑是人体最主要的器官，它们是有机的整体，其生理活动以精、气、血、津液为物质基础。上述物质在脏腑活动过程中，被不断消耗，同时又不断滋生，以维持机体正常的生命活动。

（1）五脏功能：主要是化生和储藏精气。

1）心的主要生理功能如下：

一是心主血脉：心主管血液在脉管的循环运行，向各个组织器官输送养料，以维持其正常的生理功能活动。

二是心主神志：人的精神、意识及思维活动是大脑的一部分功能，在脏腑理论中将其归属于心的生理功能。

心的生理联系有：在志为喜，在液为汗，在体合脉，其华在面，开窍于舌。

2）肺的主要生理功能如下：

一是肺主气，司呼吸：肺主人体之气，一方面维持肺的呼吸功能以吐故纳新；另一方面通过肺气的升降出入以宣畅全身气机。

二是肺主宣发肃降，通调水道：肺在水液代谢中起主要作用，其将脾上输来的水液中的精微通过肺气的宣发，使津液布散之肌肤，并代谢为汗液；通过肺气的肃降，使津液下输至肾与膀胱，其气化而为尿液。

肺的生理联系有：在志为忧，在液为涕，在体合皮，其华在毛，开窍于鼻。

3）脾的主要生理功能如下：

一是脾主运化、升清：脾将胃受纳的食物运化而为精微物质，并将其转运、输布至全身，尤其通过脾气的升清作用，将其输运至心肺、头目。脾的运化功能还包括运化水液，调节水液代谢。

二是脾主统血：脾有统摄血液的功能，使血液在脉管中正常运行。脾气旺盛，脉管致密，就能控制血液按照脉道正常运行，使其不致流溢脉外。

脾的生理联系有：在志为思，在液为涎，在体合肉，其华在唇，开窍于口。

4）肝的主要生理功能如下：

一是肝主藏血。肝有储藏血液、调节血量的作用。人体在运动时，肝将其储藏的血液供应至全身，对机体和大脑发挥其营养作用。肝主藏血失常，就容易出现肝血不足、肝不藏血的病理现象。

二是肝主疏泄。疏泄是疏通宣泄的意思。肝对全身气机有疏通宣畅作用，进而能促进胆汁分泌排泄，有助于脾胃的运化功能，调节机体精神情志，推动全身气血运行，并配合肾激发调节男女性事功能。

肝的生理联系有：在志为怒，在液为泪，在体合筋，其华在爪，开窍于目。

5）肾的主要生理功能如下：

一是肾主藏精。肾中精气有主宰人体生长、发育以及生殖机能的作用。肾中精气秉受于父母的先天精气为基础，并受后天脾胃运化而来的水谷精气的不断培育和补充。

二是肾主水液。机体水液代谢的调节主要依靠肾的气化作用。机体水液代谢是一个复杂过程，其中胃的受纳，脾的运化，肺的宣降，三焦的疏通，小肠主液，大肠主津，膀胱开合等均有赖于肾气、肾阳的蒸腾气化，而尿液分泌量、排泄量更取决于肾的气化功能。

肾的生理联系有：在志为恐，在液为唾，在体合骨，其华在发，开窍于耳及二阴。

（2）六腑功能：主要是受盛和传化水谷。

1）胆为六腑之一，又属奇恒之腑。其主要生理功能有：

一是储藏和排泄胆汁。胆汁，古医籍中称之为"精汁"。胆汁具有帮助消化的作用。

二是主决断。中医学理论认为，胆有判断事物与参与决策的功能。

2）胃为水谷之海，其主要生理功能是主受纳，腐熟水谷，主通降，以降为和。胃受纳食物后进行初步消化，使之成为食糜状态，在脾的运化作用的推动下，下传至小肠进一步消化吸收。可见胃的功能特点是以降为顺，如不降则上逆，会产生呕吐、恶心、胀气等症。

3）小肠主受盛化物，泌别清浊。小肠接受经胃腐熟的食物进一步将其消化，吸收其精华，然后将精华通过脾转输至全身各个部分，同时将糟粕下注到大肠或膀胱，经由大小便排出。

4）大肠主传化糟粕，吸收水分。大肠接受小肠下注的食物残渣，吸收其中剩余的水分，使之变化为粪便而排出。如果大肠传导糟粕的功能失常就会出现便秘或腹泻。

5）膀胱主储存和排泄尿液。尿是人体水液代谢的产物，储存在膀胱，到一定量后排出体外。如果气化功能失调，就会导致小便不利、尿闭或尿频等症。

6）三焦主持诸气，总司全身的气机、气化。三焦是人体之气的升降通道，也是机体气化运动的场所，同时又是水液运行之道。

（3）奇恒之腑是脑、髓、骨、脉、女子胞、胆的总称，是一个相对密闭的组织器官，异于六腑，不与水谷接触，但有类似于脏的储藏精气的作用。其中脑的功能在中医理论中多归属于心。髓有骨髓、脊髓、脑髓之分，肾藏精，精生髓，故髓的生理病理多归属于肾。骨指骨骼，肾主骨，故骨的生理病理也都归属于肾。脉指血脉，心在体合脉，故脉多从属于心。女子胞是发生月经和孕育胎儿的器官，女子胞的功能是否正常，一是取决于冲任两脉是否充盈，二是取决于肝气是否通达、肝血是否调和，三是取决于肾中精气是否充沛。胆储藏与排泄胆汁，但其不与饮食水谷直接接触，故既为六腑之一，又为奇恒之腑。

5. 经络学说

经络是运行全身气血、联络脏腑肢节、沟通上下内外的通道。

（1）经络的概念。经络是经脉和络脉的总称，"经"是路径、主要干线的意思，"络"是网络和支线的意思。经脉是人体的纵行干线，络脉是经脉的分支系统，网络全身，无处不至。经络系统遍布全身，有规律地循行和交接，把全身内外联结成一个有机的整体，就像一个城市的交通道路一样，由主要干线与小巷小弄联结成网络系统，每天行人与车辆运行不息，如果塞车，会造成交通瘫痪。经络就是人体的交通系统，它所运行的就是营养全身的气血，气血在经络中川流不息，周而复始，吐纳交换，这样身体才能健康强壮；如果气血在某个部位停滞不通，那么人体就会出现各种疾病，所以中医有"不通则痛，通则不痛"之说，"通"是指气血通畅，"痛"是指各种病痛。

（2）经络的组成。经络组成见表4—3。

（3）十二经脉与任督两脉的走行、交接与分布规律。

1）任脉：会阴——前正中线——颏部。

2）督脉：会阴——后正中线——上齿龈。

3）手太阴肺经：胸中——上肢内侧前缘——大指。

表4—3   经络组成

经络	经脉	十二正经	手经	三阴	手太阴肺经
					手少阴心经
					手厥阴心包经
				三阳	手太阳小肠经
					手少阳三焦经
					手阳明大肠经
			足经	三阴	足太阴脾经
					足少阴肾经
					足厥阴肝经
				三阳	足太阳膀胱经
					足少阳胆经
					足阳明胃经
		奇经八脉			督脉
					任脉
					冲脉
					带脉
					阴维脉
					阳维脉
					阴跷脉
					阳跷脉
	络脉				别络：共十五别络。十二正经各有一别络，任督两脉各有一别络，脾经另有一大络
					孙络：别络之分支细小者
					浮脉：孙络之浮在肌表者

4）手阳明大肠经：食指——上肢外侧前缘——肩前——颈——鼻旁。

5）足阳明胃经：鼻翼两侧——口周——颈前——乳头——脐旁——下肢外侧前缘——第二趾外侧。

6）足太阴脾经：大趾内侧——下肢内侧前缘——腹胸部。

7）手少阴心经：心中——上肢内侧后缘——小指。

8）手太阳小肠经：小指——上肢外侧后缘——肩胛——颈——耳前。

9）足太阳膀胱经：内眦——头顶——项后——背腰骶——下肢外侧后缘——小趾。

10）足少阴肾经：足心——下肢内侧后缘——胸腹。

11）手厥阴心包经：胸中——上肢内侧中线——中指。

12）手少阳三焦经：无名指——上肢外侧中线——肩后——颈——耳后——眉梢。

13）足少阳胆经：目外眦——头颞——顶——肋腰——下肢外侧中线——第四指外侧。

14）足厥阴肝经：大趾上方——下肢内侧中线——阴部——肋部。

（4）经络的功能。中医学有"经脉者，所以决生死、处百病、调虚实、不可不通"的说法。

1）运行气血，协调阴阳。经络是气血运行的通道，通过经脉的横纵穿行，络脉的网状渗透，奇经八脉的相互沟通，将气血输布全身，濡养脏腑组织器官，充实皮肤骨骼肌肉，同时由于经络的联系，使人体的内外、上下、左右、前后、脏腑、表里之间得以保持相对的平衡。

2）抗御病邪，反映症候。发生疾病时，首先由经络调动气血奋力抵抗，外邪则通过经络，由表及里，由浅入深。体内病变时也是沿着经络由内传外，由脏腑反映到体表，如人的容颜衰老、面皱无华、暗疮、色斑、脱发等就是体内病源反映于外表。

3）传导感应，调整虚实。针灸、按摩、气功都是通过经络传导感应，来调整机体的阴阳虚实。具体表现在经络、穴位处会出现酸胀沉重的感觉，中医学将它称为"得气"，这里所说的气就是经气，是经络的一种独特的生命现象。而且这种气会沿着经络传导运行，反映到所联系的脏腑体表。治疗时就是取"气行"的作用，"泻其有余，补其不足"，达到调整机体的作用。

第2节 基本按摩手法

 **学习目标**

➤了解按摩的种类

➤熟悉各种按摩的特点

➤掌握淋巴按摩的原理和技巧

知识要求

一、按摩的种类

1. 瑞典式按摩

瑞典式按摩就是针对柔软组织的按摩方式，或者可以说是按摩身体的柔软组织。早在 19 世纪，瑞典的林恩教授就对按摩进行了全面的科学研究，进而创立了瑞典式按摩。瑞典式按摩合并了几种不同类型的动作——长推、揉捏、臂砍以及将手掌拱成杯状的拍打方式。除此之外还有重压法，就是用大拇指按压相当深的按摩方式，但这种按压法在瑞典式按摩中较少用到。瑞典式按摩主要针对皮肤表面，而且仅仅对血管和肌肉系统产生影响。

2. 淋巴按摩

（1）淋巴按摩的作用机制

1）淋巴按摩作用于自主神经系统。人的自主神经系统包括内脏运动神经和内脏感觉神经，内脏运动神经又分为交感神经与副交感神经两大类。交感神经主司人体的活动状态，若其过分亢奋，即可有焦躁、失眠、心神不安的精神心理症状发生；体现在美容方面，即可有黑斑、面疮、皱纹、毛孔粗大等问题。而芳香淋巴按摩对于副交感神经系统具有刺激作用，这就意味着当某人接受芳香淋巴按摩后，会变得较为镇静、松弛，甚至容易进入睡眠状态。

2）淋巴按摩作用于神经反射通道，强化抑制神经元。人的表层皮肤拥有许多的末梢感受器，作为外来刺激的接收站。当皮肤受到外来刺激，这时刺激信号被感受器接收至中间神经元，再经中枢感觉区通过运动信号到达受刺激部位，引起红肿、热、痛等反应。芳香淋巴按摩可以强化抑制神经元作用，进而减低，甚至消除皮肤因外界刺激所引起的疼痛感。这就是芳香淋巴按摩可以减轻发炎组织疼痛、肿胀等症状的原因。

3）淋巴按摩作用于免疫系统。人体免疫系统可分为体液免疫与细胞免疫两大类。芳香淋巴按摩能增强组织淋巴液的流动性，将病原体或毒素废物送到免疫系统执行站，加以清除或消灭。

4）淋巴按摩作用于血管及淋巴管平滑肌。芳香淋巴按摩可促使微血管前括约肌收缩，造成微血管内血压下降，借着这种管内负压，可使管外组织液回流，如此可减轻身体各部分的水肿程度。芳香淋巴按摩对淋巴管内的节律性脉冲运动有促进作用，可加速管内淋巴液的流动，进而促使淋巴液以更快的速度流向淋巴结。此外，淋巴系统的收缩运动（或称为脉冲运动）与温度有关，温度越高，收缩越快，这点可解释人体在发热时，过高的体温会促使淋巴管收缩加快，如此便可早日将病原体送往淋巴免疫系统加以消灭。

5）芳香按摩的目的是便于精油吸收，使之渗入血液中。

①按抚法是芳香按摩的一部分，可增加血液供应使皮肤温暖。该手法能使皮肤松弛，容易使人接受，一切苛刻、粗鲁的动作都不会被采用。芳香按摩包括神经与肌肉的元素、淋巴引流及指压，淋巴引流明显地增加淋巴的活动力，从而促进精油的吸收。

②指压按摩是芳香美容中重要的一环，因为芳香美容师像针灸师和反射学师一样，相信如果要想身体运动协调，能量通道必须畅通无阻。

③欧洲式按摩是促使静脉循环良好的芳香按摩方式，也就是采取从手脚末端开始往心脏方向做按摩的方式。

（2）芳香淋巴按摩的美容适应证

1）面部皮色晦暗。

2）脸部敏感、血管扩张。

3）眼袋、黑眼圈。

4）痤疮、面疮皮肤。

5）皮肤疤痕。

6）水油不平衡皮肤。

7）淋巴阻断造成的各种皮肤病变。

8）产妇或孕妇腿部水肿。

9）腿部肥重及疲劳症状。

10）减肥后的紧肤处理。

3. 指压式按摩

指压式按摩由日本人创立。指压一词源于日文，是由日本语的手指和施压这两个词所组成的。就如同针刺和艾灸一样，指压按摩是东方医学所分化出来的治疗方式。指压并无确定的精确性，而是一种较为个人化的治疗方式。指压式按摩是相当费力的，就像神经肌肉的按摩一样，可能会造成疼痛或轻微的瘀伤，偶尔的疼痛是必要的，但是重要的是不能产生强烈的疼痛。指压沿着身体的经络路线进行按摩，在进行全身按摩时，最先从头部开始，然后到背部，接着由手部到肩部，再由脚部往上按压到骨盆。整个按摩过程都沿着身体各部位的经络路线进行。对手臂做指压时，要加上柔道的活动来导引手指，并结合美国整体疗法而成的按摩技术。

4. 神经肌肉按摩

神经肌肉按摩是由西方整骨医生和按摩师发展出来的按摩方式，其绝大多数是由美国的按摩师发展而来。神经肌肉按摩基本上属于一种深沉的按摩法，主要目的在于接触到神经、韧带、肌腱以及其他结缔组织，以达到柔软按摩法无法触及的部位。如其他许多深度按摩一样，神经肌肉按摩主要是以大拇指或者指尖来完成，通常需要施加一定程度的压力，一般来说压力不要超过 5kg。神经肌肉按摩会用到许多种运动，最常使用的是环形运动，将大拇指或其他手指按压在皮肤上进行画小圆圈的动作。把大拇指或其他手指放在皮肤上，然后针对这个区域，在这层表皮之上不断地重复圆圈动作，这种手法对中、深度的按摩很有效，在一般采用的按摩方式中或是并不需要进行深层按摩时也会很适用。

5. 美容按摩

美容按摩属于无痛按摩或轻量按摩，是一种以阴型柔性手法为主体的按摩方法，具有轻柔、轻巧、令人愉悦的特点。能使人在无痛甚至舒适、睡眠的情况下，达到美容保健之目的。它能消除表皮衰老的角化细胞，改善皮肤的呼吸，增强皮脂腺、汗腺的分泌，使皮肤充满光泽。美容按摩同时具有改善真皮内弹力纤维的作用，有助于增强皮肤的弹性，防止皱纹的产生。手法按摩还能提高皮肤的温度，促使皮肤毛细血管扩张，加强血液循环，增加血容量，改善皮肤的营养状况。

美容按摩手法不同于其他手法，它具有轻巧、松柔、温和、细软的特点。指法以指腹着力为主，特别是在面部按摩中更多地使用中指、无名指按摩。美容按摩都需配合使用按摩霜和油脂，这样既能增强皮肤的润滑度，又可吸收按摩时所产生的热量，防止皮肤的损伤。

6. 反射按摩

反射按摩不仅是另一种类型的按摩方式，也是进行诊断和治疗的一种精确而有效的按摩方法，而且是芳香按摩中一种有价值的附属疗法，这个方法可以追溯到古代埃及时代。反射按摩与针灸治疗之间有相同之处，但是这两种疗法各自以不同的理论原则为基础。反射按摩的基本原理将全身分为十区，从身体中央的垂直线一分为二，每边各五区。所有位于身体中央部位的器官，例如膀胱、甲状腺以及胃，被归于脚上的第一区中。如果身体的某一器官有疾病，在这个区域中的其他器官也很有可能受到影响。芳香师会结合和应用芳香疗法和反射按摩，事实上这两种手法确实有互补之效，例如，脚上的各个反射点或反射区与身体各组织和器官之间会相互影响，了解和认识这些反射点，可以帮助芳香师辨别和改善虚弱问题。有丰富经验的芳香师就会在脚上的反射区内感觉到小颗粒或结晶的存在，持续对该部位施压，直到不适感消除，这种方法有益于该反射点对应的器官。反射按摩能改善因精神压力、缺乏运动、慢性疾病等引起的精神郁结，促使身体功能达到高峰。在进行反射按摩治疗时，不必使用精油或基础油，有些芳香师会在进行精油按摩时顺便进行反射按摩；有些芳香师利用反射按摩治疗来寻找虚弱的器官组织，以作为选择精油的参考；有些芳香师则利用反射按摩治疗来强化精油疗效，舒缓日趋紧张的生活压力。理论上，在特殊的反射点上涂擦精油，可增强该反射点对应组织的健康，但这并不是正统的反射按摩疗法。这种方式很适合个人自行按摩，可以帮助其按摩接触不到的颈部或背部。

二、按摩的常用手法

按摩的常用手法见表 4—4。

表 4—4   按摩的常用手法

方　　法	具体操作
按法 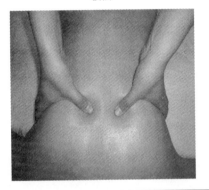	以手指或手掌按摩，有指按和掌按两种方法。此法具有疏通经络、放松肌肉、消除疲劳、抗皱美容的作用，能降低过高的神经兴奋性，改善皮肤组织的营养和血供，增强机体的氧化过程，改变淋巴液的瘀滞状态
摩法 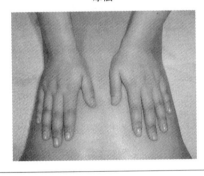	以手指或手掌在皮肤上做柔软性摩动。此法能改善汗腺及皮脂腺的功能，提高皮肤温度，促进衰老的皮肤角质的脱落，加速血液、淋巴液的循环，调节胃肠蠕动，调整皮肤的血液供应
推法 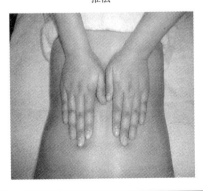	以手指或手掌贴紧皮肤，按而送之，动作不宜过快过猛，撒手时动作宜缓如抽丝，有指推和掌推两种方法，可直接作用于皮肤和皮下组织。此法能加强血液和淋巴液的循环，滋润皮肤，减少皱纹，提高神经的兴奋性，消肿止痛，舒经通络

方　　法	具体操作
擦法 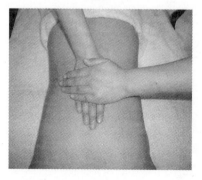	用手掌紧贴皮肤，并稍用力下压，做上下左右的直线运动。有掌擦、大小鱼际擦等方法。此法有提高皮肤局部温度，增强皮肤新陈代谢的作用。同时还有清洁皮肤，改善汗腺与皮脂腺分泌的功能，且对中枢神经系统有镇静作用
抹法 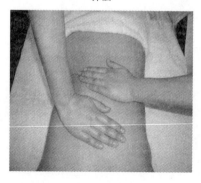	用手指贴紧皮肤，做上下左右的弧线曲线抹动。此法能扩张血管，调整神经系统及体液循环，有抗皱、美容的功效
揉法 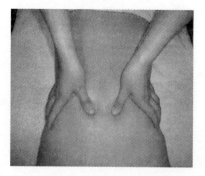	用手指在局部皮肤做轻柔和缓的回旋揉动。促进肌肉和皮下脂肪的新陈代谢，增强肌肉和真皮组织的弹性，消除多余脂肪，揉捏所用力量可根据被按摩者的耐久力及状况而定

方　　法	具体操作
搓擦法 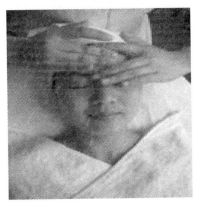	先用两手指将皮肤向两侧推开，及时用另一手指在皱纹部往上轻压滑动，使之展开。此法能增强皮肤的弹性和紧张度，消除皮肤皱纹

 技能要求

推法和揉法的按摩手法训练

操作准备

基础油或植物精油。

操作步骤

步骤 1　填写咨询表。

步骤 2　沐浴，皮肤清洁而湿润时是按摩的最佳时机。

步骤 3　调配复方按摩油，根据咨询结果选择正确的基础油和精油，并计算正确比例。

步骤 4　按照操作顺序、要求反复练习。

注意事项

（1）按摩师双手要注意保持清洁、温暖，指甲修剪好，不佩戴任何饰品。

（2）为了按摩顺利进行，取得良好效果，按摩师体位应便于操作，被按摩者的肌肉应充分放松。

（3）全身按摩时应注意操作方向，要顺着淋巴液回流的方向进行按摩。

（4）按摩时要注意顺序，力度要轻柔均匀。

第3节 芳香淋巴按摩法

 学习目标

➤了解芳香淋巴按摩法操作原理

➤熟悉芳香淋巴按摩法的操作规范技巧

➤掌握芳香淋巴按摩法的操作步骤

 知识要求

一、芳香淋巴按摩法的原理

按摩在芳香疗法中是很重要的一部分。在按摩中加入精油，不论精油是否渗透进皮肤，按摩本身就可以起到作用，香气更可以调整心理状况。按摩是一种享受，还可以达到放松身心的功效，也是帮助现代人减轻生活压力和紧张情绪最好的方法之一。

1. 芳香淋巴按摩法的目的

按摩是起源于古代的一种疗法，实际上出于人类本性去触摸身体上痛苦部位的延伸。"涂擦"一词在古代相当于按摩的同义词，而这两个词的关联也显示出按摩在人类文化中的悠久历史。对芳香美容师而言，淋巴按摩的基础理论和技巧是不可缺少的必修课程。

（1）按摩可以激发本能，借由触摸以安抚人的心灵，有节奏地安抚身体，会令人觉得十分舒服，身体得以松弛，肌肉紧张程度减轻，身体血液及淋巴的循环增加。

（2）按摩可协助开启身体能量中心，能量可缓解疲倦和预防疾病。

（3）按摩可使人体在生理上、心理上以及个人与环境之间达成协调，恢复其平衡，身体自身愈合能量就会释放出来，达到保健目的。

2. 芳香淋巴按摩法的技巧

（1）护理时，施行的动作要慢且一致，不可太快。

（2）操作力度不可过重，因为皮肤内有浅层淋巴分布，动作轻缓可以帮助淋巴液的流动。根据所护理的部位肌肉大小来决定力度，通常不宜过重。

（3）每做完一个动作，操作者需甩手。

（4）操作时双手不能同时离开身体。

（5）按摩结束后要及时用肥皂洗手。

（6）按摩结束后，让顾客休息片刻，观察患者面部是否出现应有的光泽。

（7）操作时须随时保持顾客身体的温暖，顾客只需露出护理部位，其他部位则用毛巾盖好。

（8）护理前，仔细检查顾客是否有任何禁忌证。

（9）护理前，芳香师和顾客都需要喝水，这样会加速血液循环，有利于精油的吸收。

（10）整套芳香淋巴按摩所需护理时间为1小时，可建议顾客每周做1次。

3. 芳香淋巴按摩法的作用

（1）皮肤。促进皮肤血液循环，帮助去除表皮层的死细胞，刺激皮脂腺中皮脂的分泌，让皮肤更富弹性及柔软性，清洁汗腺，刺激知觉神经末梢。

（2）肌肉。松弛紧张的肌肉，促进肌肉及皮肤中废物排出，借此分解乳酸的积存，消除肌肉的疲劳，对抗收缩的肌肉，改善肌肉的柔软度，预防纤维织炎的形成，预防增生组织的形成，松弛拉紧的筋膜。

（3）循环。驱除淋巴及静脉循环中的充血，其方法是压迫体液，精油经血管流向心脏，增加血液供给的面积，使该区域有更多的氧气和养分，减轻四肢的水肿。

（4）其他。加速新陈代谢，分解柔软脂肪的沉淀，清除神经通道，刺激身体系统，使其运作更有效率，并松弛心灵及身体。

二、芳香淋巴按摩法的操作（见表4—5）

表4—5　　　　　　　　　　　芳香淋巴按摩步骤及要求

1. 后背部淋巴按摩：用按法、擦法、揉法做头部、颈部、肩部、肩胛骨、腰部至骶骨各部分的放松按摩	
步　　骤	具体操作
肩部芳香淋巴按摩 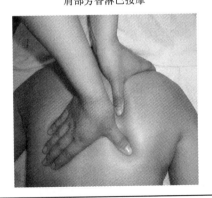	双手顺肩胛骨推至腋下淋巴结方向

续表

步　骤	具体操作
下背部排毒 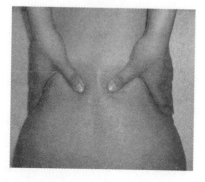	顺足太阳膀胱经（椎骨两侧）由上至下推至骶骨处，大回旋再从两侧肋骨由下至上推至腋下淋巴结处，甩手结束

2. 头面部芳香淋巴按摩

步　骤	具体操作
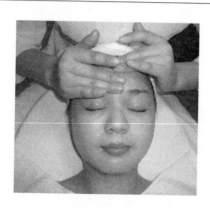	（1）用中指和无名指指腹朝枕淋巴结、乳突淋巴结方向平拉，做额部、眼部淋巴引流动作
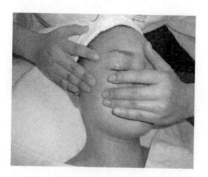	（2）用中指和无名指指腹朝腮腺淋巴结方向平拉，做脸颊部淋巴引流动作

步　骤	具体操作
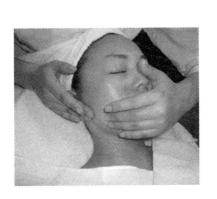	（3）用中指和无名指指腹朝下颌下淋巴结方向平拉，做颌部淋巴引流动作
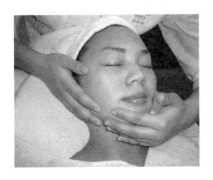	（4）用中指和无名指指腹朝颏下淋巴结方向平拉，做颏下淋巴引流动作
	（5）用中指和无名指指腹经由腮腺淋巴结、下颌下淋巴结、颏下淋巴结、颈外侧深淋巴结、颈外侧浅淋巴结朝腋淋巴结方向，做淋巴引流动作

续表

步　　骤	具体操作
	（6）用中指和无名指指腹经由枕淋巴结、乳突淋巴结、颈外侧深淋巴结、颈外侧浅淋巴结朝腋淋巴结方向，做淋巴引流动作，甩手结束

3. 胸腹部芳香淋巴按摩：双手手掌平放在顾客胸部，用按法、揉法做充分捏拿胸肌，即腋窝周围支撑乳房肌肉的按摩

步　　骤	具体操作
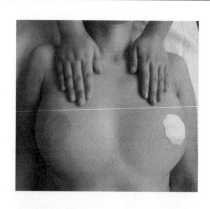	（1）双手平放在顾客的上胸部，手掌与身体平行，由肩部开始途经锁骨向两边腋淋巴结方向做引流动作，停留一会儿
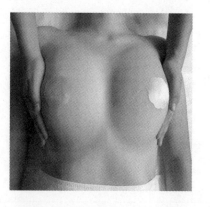	（2）手部再回到原位，再向下推行，途经胸口两手分开，沿肋骨向上朝腋淋巴结方向做引流动作，停留一会儿，甩手结束

步　　骤	具体操作
	（3）以肚脐为中心逆时针做小肠、大肠的蠕动按摩
	（4）以肚脐为中心分左右朝腹股沟淋巴结方向做引流动作，甩手结束

4. 上肢芳香淋巴按摩

步　　骤	具体操作
	（1）用按法、抹法、揉法做上肢放松按摩

续表

步　　骤	具体操作
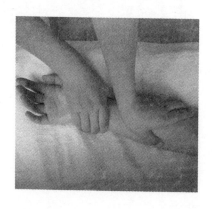	（2）从手腕内侧下端部，单手掌朝肘淋巴结平推做引流动作，停留一会儿；再途经上臂内侧继续至腋淋巴结处平推，甩手结束

5.下肢芳香淋巴按摩：用按法、推法、抹法、揉法做腿部放松按摩

步　　骤	具体操作
	（1）从小腿下端脚踝部，双手掌朝膝盖后方腘淋巴结平推，再继续至腹股沟淋巴结处平推，甩手结束
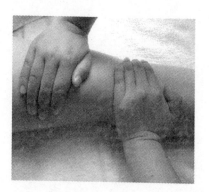	（2）用按法、推法、抹法、揉法做下肢放松按摩

步　　骤	具体操作
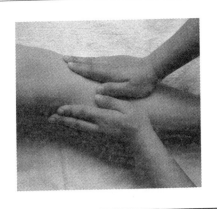	（3）从脚面开始途经脚踝、小腿前侧，双手掌朝膝盖方向推，再朝膝盖后方腘淋巴结平推做引流动作，停留一会儿；再继续途经大腿前侧至腹股沟淋巴结平推做引流动作，甩手结束

三、芳香淋巴按摩禁忌

淋巴按摩也称为淋巴引流，以促进淋巴循环和排除毒素为原则。为了达到良好的效果，在护理之前须与顾客充分沟通，了解顾客的现状，同时也让顾客了解淋巴引流按摩的好处。有下列情况者必须格外注意：

第一，做淋巴按摩前先检查局部淋巴结，如有肿胀、压痛则应列为禁忌。因为淋巴结具有过滤废物及毒素的作用，当淋巴结肿大时，说明局部有炎症，为了防止炎症蔓延，造成不当的后果，所以应避免淋巴按摩。

第二，如有发热、血压异常、低血糖患者等心脏功能不稳定者，不宜进行淋巴按摩。

第三，静脉发炎的部位、局部皮肤有炎症、皮肤晒伤后或有创伤时，不可对患处或新的疤痕伤口做按摩。

第四，传染病患者、结核病患者、白血病患者、接受放射疗法治疗者、恶性肿瘤患者不可做淋巴按摩。

第五，怀孕期间不宜进行任何部位的淋巴按摩。

第六，进行过手术不到一年或未完全恢复者，不宜进行淋巴按摩。

第七，针灸当天、打过预防针，针后 36 小时内不宜进行淋巴按摩。

第八，月经来潮的第 2 天、第 3 天不宜进行腹部淋巴按摩。

第九，饮食过量者、癫痫病患者、饮酒后未超过 12 小时者，不宜进行淋巴按摩。

第十，经常服用大量药物者或吸毒者不宜进行淋巴按摩。

技能要求

芳香淋巴按摩手法的训练

操作准备

基础油或植物精油，专业按摩床，大小毛巾各 2 条。

操作步骤

步骤 1   咨询（建立顾客档案卡）。

步骤 2   调配复方按摩油，根据咨询结果，选择正确的基础油和精油，并计算正确比例。

步骤 3   沐浴或清洁身体。

步骤 4   去除皮肤角质。

步骤 5   经络穴位按摩。

步骤 6   淋巴按摩（直至精油完全吸收）。

步骤 7   让顾客在护理床上休息 10 分钟。

步骤 8   搀扶顾客起身，送水。

步骤 9   按摩结束。

本章测试题

一、单选题

1. 血液循环的体循环又称（   ）。

    A. 大循环　　　　　B. 周而复始循环　　C. 小循环　　　　　　D. 血液流动

2. （   ）是血液循环的动力器官。

    A. 肺　　　　　　　B. 肝　　　　　　　C. 心脏　　　　　　　D. 脾

3. 淋巴管道内流动着的液体称（   ）。

    A. 血液　　　　　　B. 液体循环　　　　C. 淋巴液　　　　　　D. 血液流动

4. 消化管包括口腔、咽、（   ）、胃、大肠、小肠。

    A. 食管　　　　　　B. 膀胱　　　　　　C. 胆　　　　　　　　D. 脾

5. 消化系统的主要功能是摄取食物，消化食物，吸收（   ），作为机体活动能量的来源和生长发育的原料，排除糟粕。

    A. 营养物质   B. 蛋白质   C. 胶原体   D. 维生素

6. 呼吸系统由（　　）和肺组成。

    A. 肺外呼吸道   B. 气管   C. 咽   D. 喉

7. 呼吸系统的主要功能是进行机体与外界环境之间的（　　）。

    A. 气体交换   B. 正常呼吸   C. 排除废气   D. 咽喉舒服

8. 生殖系统包括（　　）和外生殖器。

    A. 内生殖器   B. 肾脏   C. 膀胱   D. 脾脏

9. 女性的生殖管道包括输卵管、（　　）和阴道。

    A. 子宫   B. 卵巢   C. 肾   D. 尿道

10. 植物激素可分为三类：性激素、胚胎激素和（　　）。

    A. 荷尔蒙   B. 皮脂腺   C. 生长激素   D. 内分泌腺

11. 人体的腺体有两类：一类是有导管的腺体，其分泌物都通过导管排出，称为外分泌腺；另一类是没有导管的腺体，其分泌物为激素，这类腺体称为（　　）。

    A. 荷尔蒙   B. 皮脂腺   C. 生长激素   D. 内分泌腺

12. 神经系统分为（　　）系统和周围神经系统两部分。

    A. 自主神经   B. 脑神经   C. 中枢神经   D. 脊神经

13. 为了奠定中医学理论基础，必须要学习整体观念和（　　）。

    A. 博大精深   B. 医艺精悍   C. 辨证论治   D. 自然和谐

14. 病症按原因、性质可分为八纲——阴阳、（　　）、寒热、虚实。

    A. 热病   B. 寒症   C. 表里   D. 湿症

15. 沉静的、内在的、下降的、寒热的、灰暗的、机能衰退的事物都属于（　　）。

    A. 阳   B. 阴阳   C. 表里   D. 阴

16. 活动的、外在的、上升的、温热的、明亮的、机能亢进的事物都属于（　　）。

    A. 阳   B. 阴阳   C. 表里   D. 阴

17. 五行相生的次序：（　　）、火生土、土生金、金生水、水生木。

    A. 木生水   B. 木生土   C. 木生火   D. 水生金

18. 五行相克的次序：木克土、土克水、水克火、火克金、（　　）。

    A. 木克火   B. 土克金   C. 金克木   D. 火克土

19. 气的分类可包括真气、营气、卫气、（　　）、津液。

    A. 血   B. 气血   C. 淋巴   D. 神经

20. 脏腑是内脏的总称，包括五脏、六腑、（　　）三类。

A. 奇恒之腑　　　B. 气血之腑　　　C. 淋巴系统　　　D. 神经系统

21. 肺的生理功能：（　　），司呼吸，在志为忧，其华在毛，开窍于鼻。

A. 主安神　　　B. 肺主气　　　C. 主血脉　　　D. 主神经

22. 脾（　　）。人体肌肉、四肢、唇、口都是脾的外候。人体肌肉丰满、四肢活动利索、口唇红润则是脾之健、运功能正常的表现。

A. 主肠胃　　　B. 主消化　　　C. 主肌肉四肢　　　D. 主血脉

23. 肝的生理功能：肝（　　），藏血，在志为怒，其华在爪，开窍于目。

A. 主安神　　　B. 主运化　　　C. 主血脉　　　D. 主疏泄

24. 如果情绪抑郁或躁怒，则是（　　）的表现。

A. 肝气郁结　　　B. 神经紧张　　　C. 血脉不通　　　D. 肠胃不疏泄

25. 肾的生理功能：肾藏精，（　　）、发育、生殖，在志为恐，其华在发，开窍于耳及二阴。

A. 主安神　　　B. 主运化　　　C. 主血脉　　　D. 主生长

26. 手三阴经包括（　　）、手少阴心经、手厥阴心包经。

A. 手太阳小肠经　B. 手少阳三焦经　C. 手太阴肺经　　D. 手阳明大肠经

27. （　　）的暗疮，取手太阴肺经及大椎、肺俞、曲池、合谷等穴，采用薰衣草、尤加利、洋甘菊等有清热宣肺功效的精油来按摩以上经络穴位，以达到清热宣肺及疏通肺经的双重效果。

A. 胃经风热型　　B. 心经风热型　　C. 肾经风热型　　D. 肺经风热型

28. 自己在面部和全身皮肤施行按摩，以促进皮肤的新陈代谢和血液循环，使皮肤光滑润泽，从而减少和消除皱纹的形成。它是属于（　　）形式的按摩。

A. 被动式　　　B. 器械式　　　C. 主动式　　　D. 自由式

29. 医生用手贴着患者皮肤，做轻微的旋转活动的揉拿，叫作（　　）。

A. 摩法　　　B. 推法　　　C. 揉法　　　D. 拿法

30. 美容按摩属于无痛按摩或轻量按摩，是一种以（　　）为主体的按摩方法，具有轻柔、轻巧、愉悦的特点。

A. 揉搓　　　B. 指压　　　C. 阴型柔术手法　　D. 按抚

二、判断题（下列判断正确的请打"√"，错误的打"×"）

1. 心脏是血液循环的动力器官，像水泵一样把血液不断地推送到动脉。　　　（　　）

2. 血液由心脏射出，经动脉、毛细血管和静脉，再返回心脏，周而复始，形成血液循环。　　　（　　）

3. 淋巴系统由淋巴管道、淋巴器官、淋巴组织组成。　　　　　　　（　　）

4. 消化系统由消化管和消化腺两部分组成。　　　　　　　　　　　（　　）

5. 咽是空气和食物的共同管道。　　　　　　　　　　　　　　　　（　　）

6. 鼻、咽喉为下呼吸道，气管、支气管合称为上呼吸道。　　　　　（　　）

7. 人体进行呼吸，是吸入氧气，排出二氧化碳。　　　　　　　　　（　　）

8. 膀胱位于盆腔内，有暂时储存尿液的作用。　　　　　　　　　　（　　）

9. 泌尿系统的主要功能是排出机体中溶于水的代谢产物。　　　　　（　　）

10. 生殖系统的主要功能是产生生殖细胞，繁殖后代，延续种族，分泌性激素以维持性征。　　　　　　　　　　　　　　　　　　　　　　　　　　　（　　）

11. 内分泌腺所分泌的激素对机体的新陈代谢、生长发育起着调节作用。（　　）

12. 神经系统在人体生命活动中，能调节体内各器官之间的生理活动。（　　）

13. 人脑能认识和改造世界，具有高级语言思维能力，不能超脱动物范畴。（　　）

14. 人体内各个器官、组织虽是独立的，但是它们之间又是相互联系、相互影响、互相协调、互相作用的。　　　　　　　　　　　　　　　　　　　（　　）

15. 辨证就是将四诊（望、闻、问、切）得到的症状和体征，加以分析，就能治病。　　　　　　　　　　　　　　　　　　　　　　　　　　　　　　（　　）

16. 天地间任何事物都可以分为阴阳两类。　　　　　　　　　　　　（　　）

17. 阴和阳之间是相互联系、相互影响的。　　　　　　　　　　　　（　　）

18. 中医理论认为，气是无形的物质，经络是气血运行的通道。　　　（　　）

19. 五脏的功能主要是化生和储藏精气。　　　　　　　　　　　　　（　　）

20. 人的精神、意识及思维活动都是由心所判断和决定的，所以精神饱满、意识清楚、思维不混乱就是心的功能正常的具体表现。　　　　　　　　　　　（　　）

21. 肺主人体之气，一方面维持肺的呼吸功能，另一方面进行吐故纳新。（　　）

22. 脾把食物的精微部分吸收，输运到心肺，通过心肺而营养到全身；脾又能运化水液，调节水液代谢。　　　　　　　　　　　　　　　　　　　　　（　　）

23. 肝有储藏、调节全身血量的作用，人体在运动时，肝脏把储藏的血液供应到全身。　　　　　　　　　　　　　　　　　　　　　　　　　　　　　（　　）

24. 肾藏先天之精，人体生长、发育、繁殖的物质根源由肾主管。　　（　　）

25. 肾主骨、生髓：肾气充沛，肾精盈满，人的记忆力会很差。　　　（　　）

26. 胆有决断功能：有判断事物与决策能力。　　　　　　　　　　　（　　）

27. 胃部不适，则会产生恶心、胀气等症。　　　　　　　　　　　　（　　）

28. 小肠，主受盛和化物，能分清别浊。　　　　　　　　　　　　　（　　）

29. 针灸、按摩、气功，都是通过经络传导感应来调整机体的阴阳虚实。　　（　　）

本章测试题答案

一、单选题

1. A	2. C	3. C	4. A	5. A	6. A	7. A	8. A	9. A
10. C	11. D	12. C	13. C	14. C	15. D	16. A	17. C	18. C
19. A	20. A	21. B	22. C	23. D	24. A	25. D	26. C	27. D
28. C	29. C	30. C						

二、判断题

1. √	2. √	3. √	4. √	5. √	6. ×	7. √	8. √	9. √
10. √	11. √	12. √	13. ×	14. √	15. ×	16. √	17. ×	18. √
19. √	20. √	21. √	22. √	23. √	24. √	25. ×	26. √	27. √
28. √	29. √							

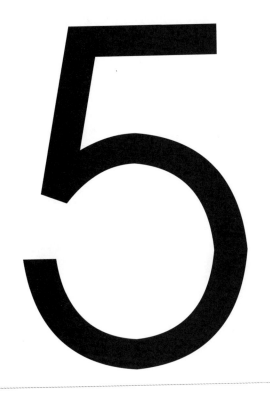

第 5 章

芳香精油的皮肤保养

第 1 节　面部皮肤的芳香精油护理

 学习目标

➢了解各种面部皮肤问题的起因

➢能够根据不同皮肤合理选择、使用精油

➢掌握各种皮肤及人体各部位芳香护理使用的精油种类及操作方法

➢掌握面部皮肤的常规芳香护理

 学习单元 1　常规面部皮肤的芳香护理

 知识要求

一、老化皮肤的芳香护理

1. 皮肤老化的起因

自古以来，人们就一直渴望年轻，永葆青春。为了延年益寿或返老还童，许多人在寻找灵丹妙药。随着岁月的流逝和年岁的增长，皮肤颜色变差，肤质变干，面部出现斑点，脸颊凹陷，结缔组织会逐渐失去弹性。结缔组织老化后，表情纹就不会恢复，渐渐产生皱纹。一般皮肤的表皮细胞循环期是 21～28 天，但随着年纪的增长，细胞再生的速度越来越慢，细胞分裂减缓，意味着皮肤各器官运转功能减退，当表皮细胞再生能力渐渐减慢时，表皮死细胞不能及时脱落，日积月累增加的死细胞便会停留在皮肤表面，皮肤的胶原蛋白与弹性纤维的内真皮组织产生变化，松弛下来，失去润泽，变得缺乏生命力，形成皱纹而变得衰老。影响皮肤老化的因素有：

（1）对皮肤而言，主要杀手是过量的酒、茶、咖啡等，这些饮品有利尿和兴奋的作用。

（2）吸烟、疾病、强烈的药物刺激。

（3）强烈的紫外线照射使水分流失，胶原蛋白被破坏，皮肤变得粗糙。

（4）长期在空调室内，大多数房间通风不足，使皮肤缺乏水分。

（5）长期失眠，睡眠不足，导致内分泌紊乱。

（6）环境的突然改变或受到严重污染的恶劣环境。

（7）精神压力导致重大的情绪变化，如亲人好友过世、离婚。

（8）快速减肥、缺乏体育锻炼。

总之，适量的运动、充足的营养、足够的睡眠以及避免污染都可以减轻皮肤衰老的程度。

2. 老化皮肤适用的精油

（1）配合天竺葵、茉莉花、玫瑰等精油与荷荷巴油、葡萄籽油、小麦胚芽油等基础油进行按摩，可以增加皮肤表面的油脂平衡。天竺葵精油可以治疗因各种情绪因素而发生在皮肤上的症状，如胸部红斑、松弛及克服心神不宁引发的无奈感和逃避心理。

（2）用乳香精油、檀香精油、广藿香精油与胡萝卜籽精油、玫瑰果油进行经常性的按摩，可以改善老化皮肤，消除皱纹。乳香也可以延缓皱纹的出现，甚至还可以减少现有皱纹。

（3）洋甘菊、玫瑰等精油与玫瑰果油混合按摩，可以减轻静脉浮肿（微血管破裂）的问题，但一般要经过几个月才能看出效果。

3. 老化皮肤的护理操作

（1）具体操作

1）卸妆。用卸妆棉蘸取卸妆液（或酪梨油），顺着皮肤的肌肉走向擦拭。

2）洁面。取适量洁面奶滴入 1 滴檀香或薰衣草精油搅拌，清洁面部后用温水洗净。

3）精油敷面去角质。打开离子喷雾机，蒸汽蒸面 2～3 min 软化角质层，再用玻璃或陶瓷面盆取 200 mL 温偏热的温水，其中滴入 5～6 滴薰衣草精油搅拌均匀，把毛巾浸入水中捞出略拧干，由上到下敷盖在面部，轻轻敷按，然后顺肌肤纹理走向轻轻擦拭，反复 6 次。

4）爽肤按抚。均匀喷洒玫瑰纯露于面部，轻轻按抚直至吸收。

5）按摩。调配皱纹皮肤按摩油 5 mL，以芳香淋巴按摩的手法按摩 15 min。

6）面膜。取皱纹皮肤面膜 5～10 g 均匀涂于面部，敷 10 min 后清洗。

7）爽肤。喷洒玫瑰花水。

8）涂去皱保湿日霜 2～5 g。

9）取 2 g 眼霜涂于眼部，在眼部轻轻按摩片刻。

（2）配合芳香疗法的辅助护理方法

1）吃适量的健康食品及水果，喝大量的矿泉水和花草茶。

2）喝含有天然镇静成分的药草茶，如玫瑰花茶、菊花茶、薰衣草茶等。

3）尽可能让自己的情绪及神经放松，定期旅游，到大自然中去。

4）选用适当正确的化妆品。

（3）家庭护理配合

1）洁面乳、日霜、晚霜、眼霜、玫瑰纯露。

2）选择合适的精油熏蒸房间，改善环境，调节心情，净化空气。

二、干性皮肤的芳香护理

1. 皮肤干燥的起因

皮肤出现干燥现象，容易产生皱纹、缺乏弹性甚至脱皮。如果不注意，皮肤就会慢慢变得敏感，容易发炎。干燥的皮肤是指皮肤缺乏水分，天然的油脂分泌不足而形成的干性皮肤，皮肤所分泌的油脂可以帮助维持本身的水分。一般老年人由于皮肤干燥，面部会感到紧绷、冰冷，甚至出现皱纹，随着空调的普及，年轻人皮肤干燥的现象也相当普遍。造成皮肤干燥现象不只是因缺水，最主要的原因是油脂分泌不平衡，更年期和荷尔蒙的改变也会造成皮肤干燥，因此，必须先调整好身体的整体状况。

2. 干性皮肤适用的精油

（1）天竺葵精油、快乐鼠尾草精油和薰衣草精油是最合适的精油。

（2）洋甘菊精油、橙花精油、玫瑰精油是按抚干燥肌肤的最佳精油。

3. 干性皮肤的护理操作

（1）具体操作

1）卸妆。用卸妆棉蘸取卸妆液（或酪梨油）顺着皮肤的肌肉走向擦拭。

2）洁面。取适量洁面奶，滴入 1 滴薰衣草或天竺葵精油，均匀搅拌，清洁面部后再用温水洗净。

3）精油敷面去角质。打开离子喷雾机，蒸汽蒸面 2～3 min 软化角质层，再用玻璃或陶瓷面盆取 200 mL 温偏热的水，其中滴入 5～6 滴洋甘菊精油或橙花精油搅拌均匀，把毛巾浸入水中，然后捞出略拧干，再由上到下敷盖在面部，轻轻敷按，顺肌肤纹理走向轻轻擦拭，反复 6 次。

4）爽肤按抚。均匀喷洒玫瑰纯露或洋甘菊纯露于面部，轻轻按抚直到吸收。

5）按摩。调配干性皮肤按摩油 5 mL 均匀涂在面部，以芳香淋巴按摩手法按摩 10 min。

6）面膜。取保湿面膜 5～10 g 均匀涂于面部，敷 10 min 后清洗。

7）爽肤。喷洒玫瑰纯露或洋甘菊纯露。

8）在2～5 g日霜或晚霜内滴入1滴适用的精油搅拌均匀，涂于面部。

9）取2 g眼霜涂于眼部，在眼部轻轻按摩片刻。

（2）配合芳香法的辅助护理方法

1）经常用一些润肤乳液，再将精油加入乳液中，以增强功效。

2）每天多次补充润肤乳于肌肤，以保护肌肤、避免水分流失。

3）留意季节的变化，在天热或天气干燥的情况下，要注意皮肤保湿。

4）多吃蔬菜和水果，多喝天然的果汁和矿泉水。

5）避免酒精对肌肤伤害导致的干燥，抽烟也会影响皮肤的健康。

6）进行按摩时，应该讲究力度的轻柔。

（3）家庭护理配合

1）洁面乳、日霜、晚霜、眼霜、洋甘菊纯露、玫瑰纯露、薰衣草纯露。

2）选择合适的精油蒸面、敷面、熏蒸房间，改善环境，调节心情，净化空气。

三、油性皮肤的芳香护理

1. 油性皮肤的起因

皮肤之所以会有过多的油脂，就是因为皮肤下层的皮脂腺分泌太旺盛。皮脂是一种天然润滑液，能让人的皮肤充满健康和光泽的颜色。但过多的皮脂会让人看起来面色发黄，毛孔粗大，皮肤还很容易出现黑斑、黑头粉刺和青春痘。油性皮肤一般分布在鼻、下巴和额头。青少年特别容易出现这些症状，因为皮脂的分泌和内分泌系统有密切的关系，而青春期正是内分泌系统剧烈变化的时期。拥有油性肌肤的人唯一可以感到安慰的是：油性肌肤比干性肌肤老化得慢。

2. 油性皮肤适用的精油

精油可以直接减少皮脂的分泌，还能间接控制细菌在油性肌肤上的生长，减轻皮脂过多所引起的种种问题。如薰衣草、柠檬、依兰、天竺葵、快乐鼠尾草、杜松、迷迭香、香柏木、丝柏、葡萄柚等精油都是很好的选择，它们的确非常有效，而且气味宜人，不论男女都很容易接受。上述精油都可以当作平时使用的调理化妆水。大多数市面上销售的油性肌肤专用化妆水中，酒精成分所占的比例太高，很容易清除皮肤上所有或绝大部分的皮脂。这些化妆水看似很有效，但皮脂腺为保持皮肤上有一定的皮脂，反而会增加皮脂的分泌。

天竺葵精油可以直接减少皮脂的分泌，薰衣草精油具有平衡的作用，这两者都是良好的杀菌剂，因此可以控制皮肤表面细菌的生长情形。使用同种精油的时间最好不要超过

1～2周，通常会用香柏木精油、葡萄柚精油来替换。天竺葵精油具有平衡内分泌系统和皮脂腺的功能，可以用来改善油性肌肤，或和其他精油混合，增强它们的作用。

3. 油性皮肤的护理操作

（1）具体操作

1）卸妆。用卸妆棉蘸取卸妆液（葡萄籽油）顺着皮肤的肌肉走向擦拭。

2）洁面。取适量洁面奶滴入1滴葡萄柚或天竺葵精油搅拌均匀，清洁面部后再用温水洗净。

3）精油敷面去角质。打开离子喷雾机，蒸汽蒸面2～3 min软化角质层，再用玻璃或陶瓷面盆取200 mL温偏热的水，其中滴入5～6滴薰衣草或天竺葵精油搅拌均匀，把毛巾浸入水中，然后捞出略拧干，再由上到下敷盖在面部，轻轻敷按，顺肌肤纹理走向轻轻擦拭，反复6次。

4）爽肤按抚。均匀喷洒薰衣草纯露或洋甘菊纯露于面部，轻轻按抚直到吸收。

5）按摩。调配油性皮肤按摩油5 mL均匀涂在面部，以芳香淋巴按摩手法按摩10 min。

6）面膜。取油性皮肤面膜5～10 g均匀涂于面部，敷10 min后清洗。

7）爽肤。喷洒薰衣草纯露或洋甘菊纯露。

8）在2～5 g日霜或晚霜内滴入1滴合适的精油搅拌均匀，涂于面部。

9）取2 g眼霜涂于眼部，在眼部轻轻按摩片刻。

（2）配合芳香法的辅助护理方法

1）经常用一些清爽型的乳液，再将精油加入乳液中以增强功效。

2）每天洗3次面，保持皮肤清洁，但要注意保湿。

3）多吃蔬菜和水果，多喝天然的果汁和矿泉水。

（3）家庭护理配合

1）洁面乳、爽肤水、日霜、晚霜、眼霜、洋甘菊纯露、薰衣草纯露、金缕梅纯露。

2）选择合适的精油蒸面、敷面、熏蒸房间，改善环境，调节心情，净化空气。

四、眼部皮肤的芳香护理

眼睛是心灵的窗户，因此人们有必要把它勾勒得美丽迷人。在芳香疗法领域，一个人外在的美丽，不一定是真的美丽，而要看他的内在是否有着一种健康的"神韵"，眼睛也不例外。眼部的皮肤特别娇嫩敏感，例如，睡觉前喝了很多水，第二天眼睛就会有些肿；长期失眠也会造成黑眼圈；一个人从来不注意眼部保养，到了一定的时间或年龄，眼部会出现眼袋、皱纹、鱼尾纹。眼部问题一般与自身的身体状况有关，如中医学认为，黑眼圈的产生大多数与肝气郁结、气血不畅以及肝肾两虚有关，只有少数人的黑眼圈来自遗传。

1. 普通的眼部芳香护理

（1）经常在眼部周围涂经过稀释的复方精油并按摩，可以减少皱纹产生，抚平细小皱纹。

（2）眼部周围的皮肤极其脆弱，使用精油护理时要非常注意精油的剂量及浓度。

（3）调节眼部的按摩油一般有洋甘菊、玫瑰等精油，调节身体辅助改善眼部的按摩油一般有薰衣草、迷迭香、佛手柑、柠檬、茴香、快乐鼠尾草等精油。

（4）眼部皮肤护理程序

1）卸妆。用卸妆棉蘸取甜杏仁油，顺着眼部肌肤的肌肉走向擦拭。

2）清洁。取适量洁面奶滴入1滴洋甘菊精油搅拌均匀，清洁眼部后再用温水洗净。

3）按眼部肌肤的不同状况选择适合的精油，调配复方精油进行按摩。

①收敛、紧实：迷迭香、葡萄柚、广藿香等精油。

②保湿：檀香、玫瑰等精油。

③活化：薰衣草、快乐鼠尾草等精油。

4）清爽保养。用玫瑰纯露或洋甘菊纯露喷湿化妆棉片，用其敷眼 15 min。

5）涂少许眼霜按摩至吸收。

（5）家庭护理配合

1）洁面乳、眼霜、玫瑰花水。

2）选择合适的精油蒸面、敷面、熏蒸房间，改善环境，帮助睡眠，净化空气。

2. 眼袋的产生原因及芳香护理

（1）产生眼袋的原因

1）睡前大量喝水或过分地哭泣，眼部产生浮肿。

2）不能保证充足的睡眠，眼部血液循环缓慢，新陈代谢不正常，出现眼袋。

3）身体内部脏腑不适，尤其是肾或膀胱产生问题，导致身体及眼部浮肿。

4）液体渗入眼部脂肪，使眼部肌肤产生膨胀。

5）眼部皮肤松弛使脂肪突出，或脂肪增生。

（2）芳香护理操作

1）卸妆。用卸妆棉蘸取眼部卸妆液（或甜杏仁油）顺着眼部肌肤的肌肉走向擦拭。

2）清洁。取适量洁面奶滴入1滴洋甘菊精油搅拌均匀，清洁眼部后再用温水洗净。

3）按眼部肌肤的不同状况选择适合的精油，调配复方精油进行按摩。

①消除水肿：杜松、葡萄柚等精油。

②促进血液循环：快乐鼠尾草、天竺葵等精油。

③排除脂肪：薰衣草、柠檬、迷迭香等精油。

④身体经络护理：迷迭香、佛手柑（疏肝理气）、杜松、快乐鼠尾草、薰衣草（消肿、利肾、调经）等精油。

4）清爽保养。用玫瑰纯露或洋甘菊纯露喷湿化妆棉片，用其敷眼 15 min。

5）涂少许眼霜按摩至吸收。

（3）家庭护理配合

1）卸妆液（酪梨油）、眼霜、玫瑰花水。

2）选择合适的精油蒸面、敷面、熏蒸房间，改善环境，帮助睡眠，净化空气。

3. 黑眼圈的产生及芳香护理

（1）产生黑眼圈的原因。

一般黑眼圈的产生与健康没有直接关系，很多健康人也有此特征，少数黑眼圈可能与内分泌紊乱、肾炎、微循环障碍以及慢性消耗性疾病有关。

西医学认为，黑眼圈分为两大类，一类是血管性黑眼圈，另一类是黑色素性黑眼圈。前者主要是眼眶周围静脉血流不畅引起的，静脉血携带二氧化碳，色泽较暗，如果循环不佳，则会产生血液滞留现象，使眼眶周围青黑，这种类型常和体质有关，如果长期熬夜、睡眠不佳，也会出现黑眼圈，一般是暂时性的；后者是指因黑色素沉淀所引起的皮肤着色，这种多数是先天性的家庭遗传，而且在幼年时就出现眼圈泛黑。中医学认为，黑眼圈大都是由于肝气郁滞、血行不畅及肝肾阴虚、目失所养造成的，因肝开窍于目，主青色，肾藏精，主黑色，所以黑眼圈一般被认为与肝肾两经有关。

（2）芳香护理操作

1）卸妆。用卸妆棉蘸取眼部卸妆液（或酪梨油），顺着眼部肌肤的肌肉走向擦拭。

2）清洁。取适量洁面奶滴入 1 滴洋甘菊精油搅拌均匀，清洁眼部后再用温水洗净。

3）按眼部肌肤的不同状况选择适合的精油，调配复方精油进行按摩。

①眼眶周围呈青黑色，或伴有失眠、烦躁、消瘦、皮肤粗糙等症，按摩眼部周围的精油有橙花、玫瑰等精油，按摩经络穴位的精油有薰衣草、迷迭香、柠檬、黑胡椒、茴香、佛手柑、檀香等精油。

②眼眶周围青黑，头晕目眩，失眠多梦，咽干口燥，腰膝酸软，舌红苔，多见于更年期妇女或高血压患者，按摩眼部周围的精油有橙花、薰衣草、玫瑰等精油，按摩经络穴位的精油有玫瑰、杜松、快乐鼠尾草、柠檬、黑胡椒、檀香等精油。

③按摩：沿背部足太阳膀胱经由上而下按摩，风池、肝俞、肾俞重点按压；沿足厥阴肝经由下而上按摩（以下肢为主），太冲穴重点按压；沿足少阴肾经由下而上按摩（以下肢部分为主），太溪穴重点按压。眼眶周围由攒竹、鱼腰、丝竹空、瞳子髎、承泣至晴明

顺序按摩。

4）清爽保养。用玫瑰纯露喷湿化妆棉片，用其敷眼 15 min。

5）涂少许眼霜按摩至吸收。

（3）家庭护理配合

1）卸妆液（或酪梨油）、眼霜、玫瑰纯露、洋甘菊纯露。

2）选择合适的精油蒸面、敷面、熏蒸房间，改善环境，帮助睡眠，净化空气。

（4）配合芳香法的辅助护理方法

1）睡前避免大量喝水，也绝不能过分地哭泣，以免浮肿。

2）保证充足的睡眠，经常按摩双眼，使血液循环良好、新陈代谢正常，以免出现眼袋。

3）注意眼部的清洁，一定要选择温和性的眼部卸装化妆品，以免损伤眼部肌肤，避免眼部周围产生黑色素。

4）经常进行眼部肌肤的湿润、活化、调理与紧实护理，避免眼部肌肤提前老化、松弛、出现皱纹。

五、颈部皮肤芳香护理

颈部皮肤是身体最先显出年龄的部位，颈部皮肤会出现缺乏弹性的皱纹或双下巴。缺乏保养的颈部会透露出年龄。在颈部打一条丝巾，似乎可以作为掩饰，但这绝非理想的解决方法。颈部在接受精油保养后，会有很好的效果，它的清洁与补充油脂的作用效果非常明显。颈部皮肤很脆弱，因此，在清洁颈部时，要像清洁脸部一样，讲求清洁用品的质地。

1. 颈部保养的精油

玫瑰、茉莉、橙花、天竺葵、快乐鼠尾草、乳香、没药、檀香、香柏木、花梨木等精油。

2. 操作方法

操作方法同面部护理，也可与面部一同护理。

3. 家庭护理配合

（1）洁面乳、爽肤水、日霜、晚霜、洋甘菊纯露、薰衣草纯露、玫瑰纯露。

（2）在清洁霜中加入 1 滴上述精油，每晚将其擦于颈部，静置几分钟，然后用面纸拭去多余的油。

（3）选择合适的精油熏蒸房间，改善环境，调节心情，净化空气。

六、唇部黏膜芳香护理

双唇应该永远看起来动人，可惜双唇可能会干裂、受到感染、露出唇纹，甚而成为疱疹、滤过性病毒肆虐的温床。无论男女，嘴角纹并不让你看起来特别吸引人，其实嘴角纹的生成是绝对可以预防的。健康欠佳、过度暴晒或天气干冷是双唇干裂的起因。

1. 护唇光泽基础油

甜杏仁油、玫瑰果油、葡萄籽油、月见草油、荷荷巴油、胡萝卜浸泡油等。

2. 润唇精油

天竺葵、薰衣草、德国洋甘菊、佛手柑、檀香、玫瑰等精油。

3. 预防嘴唇干裂配方

天竺葵与薰衣草精油各 3 滴，调配复方精油后涂抹。

4. 预防嘴唇溃烂配方

洋甘菊与杜松精油各 3 滴，调配复方精油后涂抹。

 学习单元 2　问题性皮肤的芳香护理

 知识要求

一、痤疮皮肤的芳香护理

1. 痤疮（粉刺）皮肤的起因

痤疮俗称粉刺或面疱，一般出现在青春期，但有时也会延长到成年阶段，大多数长在面部、胸部及背部，有时随着月经、更年期的到来，荷尔蒙失调引起的皮脂腺分泌过盛，再加上细菌感染，便形成了痤疮。皮脂腺所分泌的大量油性物质排泄到皮肤表面，与灰尘、未脱落的死细胞都浮在皮肤上，造成毛孔堵塞，形成黑头粉刺、发炎感染，使皮肤红肿，从而影响美观。压力也是产生痤疮的一个因素。

芳香美容师可以从多方面入手改善痤疮皮肤，也有许多精油可以改善痤疮。可以直接在患处擦拭精油，来改善发炎和皮脂腺的分泌程度；也可以用精油与植物底油调配成复方精油，用来按摩全身，刺激经络和体液的循环，来帮助身体排除毒素。同时也建议注意饮食。利用芳香治疗改善痤疮，心理态度也非常重要，因为一般长了痤疮的人比正常的人心理憔悴，尤其是在情绪上表现极为突出。在护理过程中选择正确的精油非常重要，要看痤疮在护理的过程中症状的改善、变化情况，选择适合治疗痤疮的精油，因此，应不断更换精油，直到选到最合适的精油为止。

2. 痤疮皮肤适用的精油

（1）薰衣草和茶树精油都具备杀菌的最强效果，也是最适合痤疮皮肤的精油。因为薰衣草精油具有镇定功效，能改善心理创伤、安定情绪和促进细胞再生。茶树精油则具备更强的杀菌效能，是用作消炎的极品精油。

（2）佛手柑精油也可以用来改善痤疮，但在极强的阳光下使用佛手柑精油会造成皮肤过敏，所以使用时要格外小心，冬天使用为佳。

（3）天竺葵精油可以平衡皮脂腺的分泌，在护理期间选择天竺葵精油进行稀释，然后直接搽在面部或混合在面霜、洁面乳、爽肤水内使用。

（4）在做身体芳香按摩时，迷迭香和天竺葵精油是最好的帮手，这两种精油都可以刺激淋巴系统的循环，帮助排除体内毒素、废物。

（5）在痤疮情形逐渐好转的时候，用薰衣草精油、橙花精油与小麦胚芽油混合按摩患处，可以减少疤痕的出现。

精油治疗都比较缓慢，无法马上看到效果，一般要经过几个星期，或几个月才能见效。也可能还会有痤疮反复的现象产生，甚至变得更加严重。但是遇上这种现象不用紧张，因为运用精油是最安全的。当然也要考虑精油的来源，检验品质是否纯正，在剂量准确的情况下使用精油是无副作用的，只要选择的精油相对正确，出现一些类似的症状是很正常的。

3. 痤疮皮肤的护理操作

（1）卸妆。用卸妆棉蘸取葡萄籽油，顺着皮肤的肌肉走向擦拭。

（2）洁面。取适量洁面奶滴入 1 滴茶树精油或佛手柑精油均匀搅拌，清洁面部后用温水洗净。

（3）精油敷面去角质。打开离子喷雾机，蒸汽精油蒸面 2～3 min 软化角质层，再用玻璃或陶瓷面盆取 200 mL 偏热的温水滴入 5～6 滴薰衣草或佛手柑精油搅拌均匀，把毛巾浸入水中，然后捞出略拧干，再由上到下敷在面部，轻轻敷按，顺肌肤纹理走向轻轻擦拭，反复 6 次。

（4）爽肤按抚。均匀喷洒薰衣草花水或洋甘菊花水于面部，轻轻按抚直至吸收。

（5）按摩。调配痤疮皮肤按摩油 2～5 mL 均匀涂开于面部，以专业的淋巴排毒手法排毒 10 min，避开患处。

（6）面膜。取痤疮皮肤面膜 5～10 g 均匀涂于面部，敷 10 min 后清洗。

（7）爽肤。取爽肤水 5 mL 涂于面部轻拍至吸收，再喷洒薰衣草花水或洋甘菊花水。

（8）在 2～5 g 日霜内滴入 1 滴适合的精油搅拌均匀，涂于面部及患处。

（9）取 2 g 眼霜涂于眼部，在眼部轻轻按摩片刻。

（10）配合芳香治疗的辅助护理方法。

1）经常喝一些菊花茶、玫瑰茶，以消除引起痤疮、粉刺的精神压力，再喝一些橙花泡制的茶，这些都是天然的抗菌剂、镇静剂。

2）每天洗面时，要用无香精、酸碱值平衡的洁面乳或香皂，以温水清洗，再用冷水洗净。最好在洗面水里滴入几滴薄荷和迷迭香精油，因为它们都有杀菌、收敛的作用。

3）纯质的精油可直接涂于皮肤患处，注意避开别处皮肤。

4）饮食均匀，多摄取含丰富维生素的食物，并吃大量新鲜蔬菜及适量水果。大蒜、洋葱有杀菌作用，芹菜有清血作用。

5）禁忌甜食，少量吃猪肉、羊肉等油脂多的肉类。不要喝有兴奋作用的茶、咖啡、酒类，多喝些矿泉水、药草茶、稀释的果汁。

6）要注意运动锻炼，呼吸新鲜空气及晒太阳。

（11）家庭护理配合

1）洁面乳、爽肤水、日霜、眼霜、薰衣草花水、洋甘菊花水。

2）选择合适的精油洁面、熏蒸房间，改善环境，调节心情，净化空气。

（12）其他治疗痤疮的精油有洋甘菊、杜松、没药、广藿香、玫瑰草、百里香等精油。护理期间随着治疗状况的好转，最好轮流使用这些精油，不要全部混在一起长期使用。

二、色素沉着皮肤的芳香护理

1. 色素沉着皮肤的种类及起因

许多人的面部及身体产生色素，有的可能是经过阳光长时间的照射引起的，这时的色素沉着是机体为了保护皮肤所致；有的可能是自身的肝功能有问题；有许多妇女在怀孕、月经不调或更年期期间面部产生色素，这与荷尔蒙分泌有关；有些色斑与化妆品和香水中所含有的佛手柑精油成分有关；长期处于饥饿状态，或缺乏维生素都可能产生色斑。

2. 色素沉着皮肤适用的精油

（1）玫瑰、天竺葵精油具有活血去斑的作用，而且玫瑰精油有益于肝肾，具有调节经期的功能。

（2）杜松精油对肾有帮助，如果在确诊为肝肾两虚的状况时，不妨采用杜松精油进行调理。

（3）佛手柑、柠檬精油具有增白祛斑的作用，可以用于面部色斑的治疗。

（4）薄荷、尤加利精油具有清肺的功效，可以用于日晒斑的调理。

3. 色素沉着皮肤的护理操作

（1）卸妆。用卸妆棉蘸取甜杏仁油顺着皮肤的肌肉走向擦拭。

（2）洁面。取适量洁面奶滴入1滴佛手柑或柠檬精油均匀搅拌，清洁面部后用温水洗净。

（3）精油敷面去角质。打开离子喷雾机，蒸汽蒸面2～3 min软化角质层，再用玻璃或陶瓷面盆取200 mL偏热的温水，滴入5～6滴玫瑰或佛手柑精油搅拌均匀，把毛巾浸入水中捞出略拧干，由上到下敷在面部，轻轻敷按，顺肌肤纹理走向轻轻擦拭，反复6次。

（4）爽肤按抚。均匀喷洒薰衣草花水、玫瑰花水于面部，轻轻按抚直到吸收。

（5）按摩。调配皮肤按摩油5 mL，于面部均匀涂开，以专业手法按摩10 min，避开患处（按色斑状况采用不同的精油）。

（6）面膜。取美白皮肤面膜5～10 g均匀涂于面部，敷10 min后清洗。

（7）爽肤。再喷洒薰衣草纯露、玫瑰纯露于面部轻拍至吸收。

（8）在2～5 g日霜或晚霜内滴入1滴适合的精油搅拌均匀，涂于面部。

（9）取2 g眼霜涂于眼部，在眼部轻轻按摩片刻。

（10）配合芳香治疗法的辅助护理方法

1）可将稀释的柠檬精油或柠檬汁涂在面部，两者均有美白的功效。

2）在日光下要做好防晒工作。

3）无论日光浴如何有趣，其实对人体并没有什么好处，会使肌肤老化速度加快。

4）多吃一些含有维生素A、维生素E的食物，它们有益于皮肤。

5）保持心情愉快，尽量减少精神紧张的状况。

6）不要选择含有金属成分的化妆品。

7）身体有炎症或伤疤时，注意少吃色素较深的食物。

（11）家庭护理配合

1）洁面乳、爽肤水、日霜、晚霜、眼霜、薰衣草花水、玫瑰花水。

2）按摩、蒸面、敷面、熏蒸房间，改善环境，净化空气。

三、过敏性皮肤的芳香保养

1. 皮肤敏感的症状及起因

敏感性肤质的人大多看起来都特别年轻。这类人的皮肤多半非常白皙、毛孔非常细，但比较脆弱、干燥；他们对冷热温度也非常敏感，由于季节的变化会经常感到皮肤干燥、紧绷、又红又痒；有时所用的化妆品、洗洁用品稍微不注意，就会刺激到皮肤，导致疼痛；饮食不当也会导致皮肤敏感；毛细血管浮现且易见。但也有些特殊的敏感皮肤呈粗糙状，略见脱屑，较严重者皮肤发炎肿胀。

（1）导致过敏的原因

1）使用化妆品过敏是主要原因。

2）使用劣质或变质的化妆品。

3）使用药物性化妆品使皮肤受到刺激后产生过敏反应。

4）不断更换化妆品，由于各种化妆品所含成分不同而使皮肤来不及进行适应性调整。

5）经常使用香味浓烈的化妆品，因香料对皮肤产生刺激而引起过敏。

（2）导致皮肤过敏的其他因素

1）过敏性体质，过度的日光照射，花粉、霉菌、灰尘等。

2）饮食过于刺激，如喜食鱼虾、辛辣等食物。

3）药物、金属饰物、化纤织物等。

4）季节性过敏。在对这类皮肤的人做护理时所用的力道必须十分注意。对这类皮肤做香熏护理时，选择精油要更加小心。

2. 敏感皮肤适用的精油

（1）首先选择的精油类型为温和型，如洋甘菊、橙花、玫瑰等精油。

（2）薰衣草精油用量过度，有时会导致皮肤敏感现象发生。

（3）最好选用浓度较低的精油，应该掌握好按摩油的比例，一般面部按摩油为1%，身体按摩油为2%～3%（在精油质量、纯度有保证的情况下）。

（4）按摩油的基础油最好选用荷荷巴油、玫瑰果油及葡萄籽油。

3. 敏感皮肤的护理操作

（1）卸妆。用卸妆棉蘸取甜杏仁油顺着皮肤的肌肉走向擦拭。

（2）洁面。取适量洁面奶滴入1滴洋甘菊精油均匀搅拌，清洁面部后再用温水洗净。

（3）精油敷面去角质。打开离子喷雾机冷喷，蒸汽蒸面2～3 min软化角质层，再用玻璃或陶瓷面盆取200 mL温偏冷的水，滴入5～6滴洋甘菊或橙花精油搅拌均匀，把毛巾浸入水中捞出略拧干，由上到下敷在面部，轻轻敷按，顺肌肤纹理走向轻轻擦拭，反复6次。

（4）爽肤按抚。均匀喷洒洋甘菊花水、玫瑰花水于面部，轻轻按抚直至吸收。

（5）按摩。调配敏感皮肤按摩油2～5 mL均匀涂开于面部，以专业的手法按摩5 min（掌握好浓度）。

（6）面膜。取敏感皮肤面膜5～10 g均匀涂于面部，敷10 min后轻轻洗去。

（7）爽肤。取爽肤水5 mL涂于面部轻拍至吸收，再喷洒洋甘菊、玫瑰花水。

（8）将 2～5 g 日霜或晚霜涂于面部。

（9）取 2 g 眼霜涂于眼部，在眼部轻轻按摩片刻。

（10）配合香熏法的辅助护理方法

1）护肤品最好选用纯天然的，这类护肤品才是最安全的，避免使用香皂。

2）尽量避免不断更换护肤品。

3）避免使用香味十分浓烈的护肤品，这类护肤品含有化学香精。

4）按摩护理的时间不宜过长，周期不宜过频。

（11）家庭护理配合

1）洁面乳、爽肤水、日霜、晚霜、眼霜、洋甘菊花水、玫瑰花水。

2）选择合适的精油敷面、熏蒸房间，改善环境，净化空气。

 **技能要求**

面部皮肤按摩手法的操作——痤疮皮肤

操作步骤

步骤 1　卸妆

用卸妆棉蘸取葡萄籽油，顺着皮肤的肌肉走向擦拭。

步骤 2　洁面

取适量洁面奶滴入 1 滴茶树或佛手柑精油均匀搅拌，清洁面部后用温水洗净。

步骤 3　精油敷面去角质

打开离子喷雾机，蒸汽蒸面 2～3 min 软化角质层，再用玻璃或陶瓷面盆取 200 mL 温偏热的温水，滴入 5～6 滴薰衣草精油或佛手柑精油搅拌均匀，把毛巾浸入水中，然后捞出略拧干，再由上到下敷在面部，轻轻敷按。顺肌肤纹理走向轻轻擦拭，反复 6 次。

步骤 4　爽肤按抚

均匀喷洒金缕梅纯露、薰衣草纯露或洋甘菊花纯露于面部，轻轻按抚直至吸收。

步骤 5　按摩

调配痤疮皮肤按摩油 2～5 mL 均匀涂开于面部，以专业的淋巴排毒手法排毒 10 min，避开患处。

步骤 6　清痘

消毒粉刺针后，用粉刺针将青春痘清出，并在清痘处滴 1 滴茶树精油。

步骤 7　面膜

取痤疮皮肤面膜 5～10 g 均匀涂于面部，敷 10 min 后清洗。

步骤 8　爽肤

均匀喷洒金缕梅纯露、薰衣草纯露或洋甘菊花纯露于面部，轻轻按抚直至吸收。

步骤 9　在 2～5 g 日霜内滴入 1 滴适合的精油搅拌均匀，涂于面部及患处。

步骤 10　取 2 g 眼霜涂于眼部，在眼部轻轻按摩片刻。

注意事项

（1）温水洗脸，选用适合油性皮肤的洗面奶，保持毛孔通畅和皮肤清洁。

（2）避免使用碱性强的清洁用品，因为它会刺激皮脂腺分泌皮脂。

（3）注意少食辛辣及刺激性食物。

（4）保持心情愉快。

第 2 节　问题身体皮肤的芳香精油保养

 学习目标

➤了解各种身体皮肤疾病的成因

➤熟悉不同身体皮肤疾病使用的精油种类

➤掌握根据不同身体皮肤疾病正确的选择精油养护

 知识要求

一、烫伤

当皮肤被火或高温物质碰触会引起创伤，出现红肿、水泡、疼痛现象，易导致发炎等组织损伤。

1. 适用的精油

薰衣草精油是改善烧、烫伤的最佳选择，而茶树精油也有不错的效果。薰衣草精油不但是很好的抗菌剂，还是很好的止痛剂，可以减轻烧、烫伤的疼痛。它可以促进伤口快速愈合，并且避免疤痕的出现。如果能在烧伤之后立刻涂上薰衣草精油，皮肤上不会留下疤痕。

2. 护理操作

薰衣草精油可以直接涂在小块的烧、烫伤皮肤上，如果在烫伤之后立刻涂上，皮肤就不会起水泡。处理大面积的烧、烫伤时，必须将薰衣草精油倒在无菌纱布上，将纱布覆盖所有烧、烫伤的皮肤，每隔几个小时更换1次，如果烧烫伤的面积很大，就必须立刻到医院就医。如果患者受到惊吓，有严重脱水的情形，在医护人员到达之前，可以先用薰衣草精油做初步的急救。

二、湿疹

湿疹的形态有多种，但都与发炎、肿胀、发疹、发痒有关。接触性湿疹即是接触性皮炎，是指皮肤对刺激物产生的过敏。遗传性湿疹见于家族有哮喘或花粉过敏等其他疾病的人，通常发生在婴儿与幼童身上。压力与疲倦会引起湿疹或让湿疹恶化，因此改善湿疹症状时，一定要先减轻患者的压力，单单在皮肤上涂涂抹抹，是无法根治湿疹的。

1. 适用的精油

洋甘菊、薰衣草、橙花精油都是非常有益于湿疹的精油；杜松的解毒效果最好，它不但具有生理解毒的功效，而且具有舒解心理情绪的效果，有此种功效的还有安息香、香柏木、天竺葵、玫瑰与檀香等精油。

2. 护理操作

可以每天在家进行芳香治疗按摩或精油泡澡。在感到特别烦闷、不安时，也可以使用。有些湿疹是过敏引起的，而压力和过敏之间有非常密切的关系，减轻压力很重要。在芳香治疗护理过程中，芳香治疗师试图将顾客体内郁积的有毒物质经由皮肤排出体外时，也可能会引发湿疹，特别是营养不良或经常摄取食品添加剂的人容易出现这类湿疹。为改善这类湿疹，可以在按摩油或洗澡水中滴加具解毒功效的精油，刚开始时，顾客的湿疹现象可能会突然加剧，不用担心，这证明身体正在排除毒素。

三、皮炎

皮炎与湿疹一样，都有发炎的特征，患部会肿胀、发红、发痒，产生水泡与流出脓水。皮肤通常会变厚、剥落，出现非正常肤色的斑块。多种皮炎与遗传的过敏体质有关，如有些人对乳制品过敏；接触过敏是因为皮肤对经手的物品产生过敏反应所致，这些物品可能是工业物质、清洁剂、刮胡泡沫或抑汗剂等。最常见的一种皮炎是尿布疹，是婴儿对尿酸的过敏反应。皮炎与湿疹第一次出现后，在情绪压力期间或过分劳累或精疲力竭情况下会恶化。

1. 适用的精油

洋甘菊、茶树、薰衣草和橙花精油都是非常有益于皮炎的精油。洋甘菊精油具有灭菌、抑制发炎、帮助皮肤组织再生、修护皮肤裂伤、愈合伤口的作用，并有清凉、保湿、舒缓镇静肌肤并收敛毛孔的作用。

2. 护理操作

用冷却的洋甘菊汁涂在患部；用 2 滴洋甘菊精油、2 滴薰衣草精油、2 滴茶树精油与 15 mL 荷荷巴油与 5 滴小麦胚芽油混合涂于患处。

四、冻疮

冻疮是指皮肤因受冻而变成紫红色并伴随肿胀。受冻的身体部位会长冻疮，尤其是脚趾、手指与脚背。儿童的脚部在冬季时尤其容易长冻疮，血液循环不良也是原因之一。

1. 适用的精油

很多种精油都有益于血液循环，可作为按摩油，如乳香、没药、安息香、丝柏精油，具有消肿、收敛、止血的作用，具有改善伤口发炎、溃疡、皮肤发红、止痒的作用；薰衣草精油有止痛作用，亦可用于冻疮疼痛，姜精油除湿气、寒气，有助于消散瘀血，治冻疮；柠檬精油促进血液循环，茶树油杀菌消炎。

2. 护理操作

直接在患处的皮肤斑块上轻轻涂抹薰衣草精油，有助于减轻冻伤的疼痛。如果逢下雪时需要外出，前一晚用几滴姜精油、安息香与葡萄籽油混合按摩双脚。充分按摩患处，使患处发热，茶树精油与芝麻油混合是良好的按摩油，同时还能消毒。可用 10 mL 的葡萄籽油加 6 滴茶树油按摩脚部。直接用纯茶树油按摩患处。

五、疥疮

疥疮是因微小的疥虫钻入表皮下引起的皮肤病。雌虫在皮肤下产卵，卵三四天后孵化，数周后成虫，此时开始整个周期。疥疮具高度的传染性，不必近距离的身体接触即可传染，常见的传染途径是通过硬币传染，因为疥虫钻入的位置常是在两指间。患者会时时感到搔痒，晚间最严重，亦会引起青春痘感染。

1. 适用的精油

薰衣草和薄荷的混合精油对疥疮的治疗效果很好，肉桂、杜松、茶树、柠檬和迷迭香等精油的效果也不错。瓦涅医师引述过一个配方：将肉桂、茶树、薰衣草、柠檬和薄荷等精油混合加入乳霜中，将乳霜涂于患处。但肉桂和杜松等精油的比例不能太高，以免过度刺激皮肤。

2. 护理操作

每天至少要在发痒的患处搽 2 次软膏，最好是在洗澡后搽，如果在洗澡水中也加入精油效果会更好。薰衣草和迷迭香是最合适的精油，若加入洋甘菊精油还可以抚顺皮肤。洗澡水中不要加入肉桂和茶树精油，如果要加柠檬和薄荷精油，用量必须很低（最多 8 滴）。清除疥疮后，患处皮肤会变得干燥、脱皮。在使用精油之前就用西药膏，通常会产生这类不良后果。安息香、薰衣草、没药和橙花精油，再加上一点小麦胚芽油，可以帮助这些受伤的皮肤复原，促进健康皮肤新生。

注意保养是很重要的。疥虫会躲藏在衣服或床上，特别是羊毛制品中。因此患者用过的每件衣物或亚麻制品都必须消毒。用高温的水清洗这些衣物是最好的方式，像床垫、枕头等不能用水洗的东西，则可用樟脑与薰衣草精油（每种精油含 5%）和酒精的溶液来擦拭。

六、晒伤

晒伤是因皮肤在阳光紫外线下暴晒引起皮炎。白皙皮肤含保护色素少，因此比深色皮肤更容易晒伤。轻微晒伤引起皮肤发红，而后使皮肤色素增加；严重的晒伤会引起皮肤与组织的肿胀，皮肤起水泡与剥落。

众所周知，日光浴会引起皮肤癌，因为越来越多的人喜爱日光浴，很多国家皮肤癌的问题日益增加。现代预防阳光紫外线的产品只有表面的功效，唯一的解决方式是尽可能避免直接照射阳光。阳光也会让皮肤产生皱纹，变得干裂粗糙。如果皮肤晒伤，需使用油类或乳液时，必须待晒伤较轻后再擦。

1. 适用的精油

洋甘菊、薰衣草精油可以按抚并冷却晒伤的肌肤，并可迅速有效地减轻皮肤大面积发红和刺痛症状。

2. 护理操作

皮肤晒伤后，立刻用加了 6 滴洋甘菊精油的用温水稀释过的牛奶泡澡，这个方法很安全，因此在晒伤的感觉消失前，可以每隔几小时就洗一次。如果是处理儿童晒伤，只能用 3 滴洋甘菊精油，且加入洗澡水前还要先用一点葡萄籽油稀释；较严重的晒伤最好改用可以改善各类型烧伤的薰衣草精油处理。将薰衣草精油加入煮沸过的冷水中，如果皮肤没有出现水泡或伤口，就将这溶液轻轻拍在患处。如果出现水泡，最好在水泡部位涂搽薰衣草精油。

七、手癣、足癣

手癣、足癣分别为手部、足部霉菌感染的一种癣，使得手指和脚趾间长出水泡、鳞层，奇痒无比。脚趾甲也可能受到感染，变得龟裂，失去颜色。手癣、足癣非常容易传染，在健身房、游泳池的更衣室与浴室都可能受传染，此类霉菌最爱在这些潮湿环境中生存。在家中，患者必须使用自己的毛巾，穿戴有防护作用的鞋袜。

1. 适用的精油

茶树精油、天竺葵精油、快乐鼠尾草精油、薰衣草和没药的混合精油，这几种精油都可以杀死霉菌，同时可以滋润皮肤，治愈皮肤潮湿、发痒和裂伤等。

2. 护理操作

在手或脚上涂擦茶树或天竺葵精油，或小麦胚芽油混合茶树与天竺葵精油，每天擦在患处四周。在一大盆盐水中加 5 滴茶树或快乐鼠尾草精油用以泡手或脚，至少泡 10 min，之后彻底擦干。利用薰衣草和没药的混合精油擦在患处四周治愈皮肤潮湿、发痒和裂伤的问题。如果皮肤已经裂伤，并伴有疼痛，可以搽些金盏菊油。最好将精油溶在酒精中，在皮肤上涂搽几天，直到皮肤潮湿的现象消失，转为干燥。

此外，经常清洁脚趾甲和手指甲非常重要，这样可以避免霉菌窝藏在趾甲或指甲下，造成重复感染。

本章测试题

一、单选题

1.（　　）的特征：皮肤的颜色变差、肤质变得干燥、面部出现斑点、脸颊凹陷、结缔组织会逐渐失去弹性。

  A. 问题皮肤   B. 更年期女性   C. 皮肤老化   D. 衰老

2. 挑选抗细胞衰老的精油是非常重要的，（　　）的疗效最好，这两种精油可以让细胞维持年轻的旺盛的生命力，自然能让身体健康和富有活力。

  A. 洋甘菊精油   B. 快乐鼠尾草精油

  C. 橙花和薰衣草精油   D. 迷迭香精油

3. 干燥皮肤是指皮肤（　　）、天然的油脂分泌不足而形成的干性皮肤。

  A. 面色灰暗   B. 面容无光   C. 缺乏水分   D. 敏感

4. 干性皮肤适用的精油：（　　）精油是最合适的精油。

A. 佛手柑　　　　　B. 甜橙　　　　　　C. 天竺葵和薰衣草　D. 依兰

5. 薰衣草、柠檬、依兰、天竺葵、杜松、迷迭香、香柏木、丝柏、葡萄柚等精油都是（　　）很好的选择。

A. 皱纹皮肤　　　　B. 老化皮肤　　　　C. 油性皮肤　　　　D. 敏感皮肤

6. （　　）：取适量洁面奶滴入 1 滴洋甘菊精油均匀搅拌，清洁眼部后再用温水洗净；用檀香、玫瑰木、玫瑰调配复方精油进行按摩。

A. 去黑眼圈　　　　　　　　　　　B. 眼部去皱

C. 眼部保湿护理　　　　　　　　　D. 消除眼部水肿

7. 颈部保养最佳（　　）：玫瑰、天竺葵、快乐鼠尾草、橙花、薰衣草精油。

A. 清洁精油　　　　B. 美白精油　　　　C. 保养精油　　　　D. 治疗精油

8. 嘴唇干裂（　　）配方：3 滴天竺葵与 3 滴薰衣草精油调配复方精油后涂抹于唇部。

A. 清洁精油　　　　B. 补水精油　　　　C. 滋润精油　　　　D. 治疗精油

9. 嘴唇溃烂（　　）配方：3 滴洋甘菊与 3 滴金盏菊精油，调配复方精油后涂抹于唇部。

A. 清洁精油　　　　B. 补水精油　　　　C. 滋润精油　　　　D. 治疗精油

10. 有许多妇女在怀孕、月经不调或更年期期间面部产生色素，这与（　　）有关。

A. 神经紧张　　　　　　　　　　　B. 头晕失眠

C. 情绪低落及忧郁　　　　　　　　D. 荷尔蒙的分泌

11. 有一些化妆品和香水中含有（　　），也会使人产生色斑。

A. 酒精　　　　　　　　　　　　　B. 香料

C. 情绪低落及忧郁　　　　　　　　D. 佛手柑精油

12. 敏感皮肤适用的精油，首先选择（　　），如洋甘菊、橙花、玫瑰等精油。

A. 酒精　　　　　　B. 香料　　　　　　C. 温和型精油　　　D. 芸香科精油

13. 对于敏感皮肤，（　　）用量过度，也会导致皮肤敏感现象发生。

A. 酒精　　　　　　B. 薰衣草精油　　　C. 低音精油　　　　D. 芸香科精油

14. （　　）精油的解毒效果最好，它不但具有解生理毒的功效，而且具有舒解心理情绪的效果。

A. 薰衣草　　　　　B. 丝柏　　　　　　C. 杜松　　　　　　D. 迷迭香

15. 把茶树或快乐鼠尾草精油滴在一大盆盐水中用以泡手或脚，至少泡（　　），之后彻底擦干，可以改善手癣、足癣症状。

A. 8 min　　　　　B. 5 min　　　　　C. 10 min　　　　　D. 3 min

16. 精油可以缓解平滑肌痉挛所引起的消化不良、腹泻、经痛等症状，这些精油有（　　）精油。

  A. 茉莉和乳香   B. 玫瑰和广藿香

  C. 佛手柑、迷迭香和檀香 D. 天竺葵和依兰

二、判断题（下列判断正确的请打"√"，错误的打"×"）

1. 一般皮肤的表皮细胞循环期是21～28天，随着年纪的增长，细胞再生的速度越来越慢，细胞分裂减缓，这意味着皮肤各器官运转功能降低。（　　）

2. 乳香具有防止皱纹出现的功效。（　　）

3. 皮肤所分泌的油脂可以帮助维持本身的水分。（　　）

4. 洋甘菊精油、橙花精油、玫瑰精油也是按抚干燥肌肤的最佳精油。（　　）

5. 精油可直接减少皮脂的分泌，还能间接控制细菌在油性肌肤上的生长。（　　）

6. 眼部周围的皮肤极其脆弱，在使用精油护理时要非常注意精油的剂量以及浓度。（　　）

7. 颈部接受精油保养之后，会有很好的反应，它的清洁与补充油脂的作用效果非常明显。（　　）

8. 缺乏保养的颈部不一定会透露出年龄。（　　）

9. 暗疮皮肤会因为月经、更年期的到来，荷尔蒙的失调引起皮脂腺分泌过盛，由于皮肤的皮脂腺分泌过旺，再加上细菌的感染，便形成了痤疮。（　　）

10. 佛手柑可以改善痤疮，但在极强的阳光下使用佛手柑精油会造成皮肤过敏，所以使用时要格外小心，夏天使用为佳。（　　）

11. 有许多妇女在怀孕、月经不调或更年期期间面部产生色素，这与荷尔蒙的分泌有关。（　　）

12. 玫瑰精油、天竺葵精油具有活血去斑、调节经期的功能，但玫瑰精油不益于肝肾。（　　）

13. 敏感性肤质最好选用浓度较高的精油，按摩油的比例应该掌握好。（　　）

14. 处理大面积的烧、烫伤时在医护人员到达之前，可以先用薰衣草精油做初步的急救。（　　）

15. 薰衣草精油可直接涂在大块的烧、烫伤皮肤上，如烫伤后立刻涂上，根本就不会起水泡。（　　）

16. 洋甘菊、薰衣草、香蜂草和橙花精油都是非常有益于湿疹的精油，不可以在家精油泡澡。（　　）

17. 洋甘菊精油可以抚顺并冷却晒伤的肌肤。   （   ）

18. 处理儿童晒伤，只能用3滴天竺葵精油，且加入洗澡水前还要先用1点甜杏仁油稀释。   （   ）

本章测试题答案

一、单选题

1. C   2. C   3. C   4. C   5. C   6. C   7. C   8. C   9. D

10. D   11. D   12. C   13. B   14. C   15. C   16. C

二、判断题

1. √   2. ×   3. √   4. √   5. √   6. √   7. √   8. ×   9. √

10. ×   11. √   12. ×   13. ×   14. √   15. ×   16. ×   17. √   18. ×

第 6 章

芳香水疗法

第1节 芳香水疗法概述

 学习目标

➤了解芳香水疗的概念

➤熟悉芳香水疗的历史

➤掌握芳香 SPA 的基本认知

 知识要求

一、芳香水疗法的概念

1. 芳香水疗法（SPA）的概念

SPA 即是芳香水疗法，是利用水的力量和水的温度，再加入适量针对身体症状的植物精油，使身体充分吸入精油，借着代谢效果让身心得到放松的保健方法。

2. 现代 SPA 的起源

（1）原文是 SOLUS PAR AQUA，意思为健康之水，简称 SPA。

（2）SPA 是比利时温泉小镇的镇名。

（3）SPA 也被称为土耳其的活水浴或被解释为温泉、矿泉养生中心。

（4）SPA 开始流行于 17 世纪、18 世纪的欧洲，矿泉不但可治病，还可健身、美容、驻颜抗老。

（5）由于 SPA 的养生美容、身心舒缓的概念风靡全世界，它不再局限于矿泉水疗，还结合了纯植物精油的芳香法、天然养肤秘方、按摩手法及流传几个世纪之久的各地民间养生法，集休闲、养生、美容、健身运动于一体，成为一种新型的"身心养容充电站"。

3. 芳香水疗法的历史

芳香水疗法的历史久远，人类与芳香水疗法有很密切的关系。

（1）古代埃及人，尤其是妇女，发展出一种特别精致的沐浴方式。人们每天沐浴都有一连串的程序：沐浴首先是用冷水，之后用微温的水，再之后才是用热水。用热水泡澡时，古埃及人会在水中加入精油，而且用热水泡澡完毕后，会再用精油进行全身按摩，他们最常使用的精油是香柏木和丝柏。除此之外，埃及人经常进行的身体保养清洁程序（整理头发、面部按摩、面部及胸部的化妆）都是由奴隶来帮忙完成的。

（2）远古时代的叙利亚人也很喜欢沐浴，他们还有公共澡堂设施。尤金·林梅提到一个有关名叫安提秀司的叙利亚国王的故事，故事内容是国王有一次率领所有的奴隶在公共澡堂内泡澡，有一个平民接近他，并且对他说："喔！我亲爱的国王，能够闻到这最尊贵的芳香，你是世界上最快乐的人吧！"国王听了之后觉得非常开心，并且对他说："我答应你，这种香精你要多少，我就给你多少。"国王便下令叫人送来一大瓶浓郁的芳香油膏，令奴隶将油膏倒在此人头上，很快周围便开始聚集起人潮，大家都推挤着想要倒一些这种昂贵的油膏，国王对此感到十分快乐，但是，当国王转身要走时，他在芳香油膏上滑了一跤，使他整个人倒在地上。

（3）古希腊人继承了古埃及人一连串沐浴程序的一部分，但是古希腊人并没有像古罗马人那样，对这些沐浴程序进行更精心的改进。古希腊男人对在公共场所的大理石澡盆中沐浴已十分满意，而女人则是在自家的浴室中沐浴。

（4）古罗马人应是最注重沐浴的民族了。就像古埃及人一样，古罗马人也有公共澡堂的设施，而公共澡堂仅仅提供给男人使用，女人仍习惯在自己家中沐浴。沐浴习惯在古罗马人生活中是非常重要的一项社交活动，许多澡堂都是由皇帝下令建立的雄伟建筑。在进入罗马的澡堂前，必须先脱下全身衣服，然后进入一间放置着陶土罐的小室中，陶土罐中都装着芳香油膏，浴客首先将全身涂满芳香油膏，然后采用冷水泡澡，进行快速及提神的全身按摩；冷水池结束之后，便进入温水池，然后进入热水池，热水池的水是由池水下面的火炉所加热的，这也就是现代蒸气浴的前身。在热水池泡澡的时候，他们会用一种由青铜制的马梳来涂擦全身上下，与此同时，还会将芳香油膏倒在全身各处。在热水池泡澡完毕后，接下来便是用芳香油膏按摩全身，这些全程的享受通常是由澡堂内的人员或浴客自己所带的奴隶来帮忙完成的。古罗马的妇女通常都是在家里泡澡，富有的家庭中，就如同古埃及人一样，常常为了便于泡澡而养了许多奴隶，这些奴隶被称为化妆师，并且由负责卫浴的总管所管辖。在泡完澡之后，古罗马的妇女会将头发整理好，染色，再抹上芳香油膏，然后便是脸部按摩，并且让化妆师在她们的双颊上抹上红色的颜料，以及在眼睛周围画上眼线；最后用芳香油膏在脖子以及肩膀上按摩，而身体其他部分则用玫瑰水清洗。古罗马沐浴场景如图6—1所示。

（5）在欧洲，沐浴文化由罗马人发扬光大，但从罗马帝国瓦解到13世纪，仅有少数人才能享受泡澡的乐趣，直到十字军东征回来，带回东方世界的泡澡文化，公共澡堂才又一度成为风尚。到17世纪，泡澡文化才又再度被重新建立，欧洲人再度相信洗澡不但有益健康，而且是必须有规律进行的一种程序，而这足足花了200年。相对于欧洲人而言，居住在气候较为温暖区域的人们会比较喜欢洗澡，而且也不容易感冒。有一段时期，欧洲

图6—1 古罗马沐浴场景

人认为洗澡对身体健康有很大的威胁，仅有外族人或是有勇无谋的人才会做此尝试。欧洲人又花了很长时间才将这个观念去除，也许这是因为确实有些人接触到水后患上疾病，但这很有可能是因为他们的身体未能适应，或是由于水温太低所造成的。

（6）15世纪，除了土耳其浴之外，精油沐浴也是在此时期广为流行的一种洗澡方式。由于那时的人们对瘟疫的事情仍然记忆犹新，所以非常重视卫生。与此同时，香水也越来越普及，而它们在抗菌方面的效用也比现在更被人们所重视，所以，精油沐浴方式与没加进精油的沐浴方式比较起来，不但较为宜人，而且也较为卫生。

（7）17世纪，土耳其浴已被发扬光大。这种公共澡堂直接传承自罗马人的澡堂，而土耳其人只是将其稍加调整而已，如图6—2所示。

（8）19世纪，洗澡才变成欧洲人普遍的习惯，即便如此，欧洲人养成洗澡的习惯是迫于需求而非爱好，对他们而言，卫生远比洗澡本身的乐趣来得重要。

远古的埃及人、希腊人以及罗马人在几千年以前便享受极尽奢华的沐浴方式，而在西方世界，尤其是英国，只是在近代才加入这场流行的活动之中。19—20世纪，随着香水及卫浴产品工业的发展，沐浴成为一种让人享受的休闲活动，香水是由古代用香料调制而成的胶状浓郁香膏演化而来的。

图6—2　土耳其浴

4. 芳香水疗的方法

用精油沐浴时，有许多方法可供选择。沐浴用油可分成两种：一种溶于水，另一种不溶于水，如图6—3所示。

（1）溶于水的沐浴用油。这种沐浴法就是在浴池放满热水后，滴几滴纯精油。但是千万不要加入过多的精油。有些精油的效用较强，而有些精油对皮肤有刺激性，若是皮肤较为敏感的人，仅需加入少量（如罗勒、薄荷、迷迭香）精油。如果不确定该用多少剂量，应先小心地滴入两滴精油便可。如果这样的剂量不会对身体造成影响，下次便可再增加剂量。将精油滴入澡盆内搅动洗澡水，使精油在洗澡水表面形成一层薄膜（这一点非常重要，如果没有搅匀，可能会使皮肤受伤），而这层薄膜会覆盖在皮肤上，此时，就可以背靠在澡盆边，好好享受泡澡的乐趣。

（2）不溶于水的沐浴用油。这种沐浴用油是将精油和植物油混合，这对干燥性皮肤更有效，而且绝大多数植物油都适用，其中酪梨油、甜杏

图6—3　沐浴精油

仁油、小麦胚芽油由于富含维生素，具滋养功效。这里精油的使用剂量和上述方法相同，加入任何植物油或（蜂蜜、牛奶）与精油混合后，用与前述相同的方法将精油洒入澡盆中。试过几次这种泡澡用油后，还可以试着加入多种不同的精油。开始时，采用1～2种精油，直到找出适于调配在一起的精油及其相互比例，再增加精油的种类，但总的精油不要超过10滴。

在用精油泡澡时，精油会渗透进皮肤里，就像用精油按摩时一样，而这种渗透效果是由周围水的热力来完成的。要达到最佳的效果，建议采用不溶于水的沐浴用油，精油会覆盖全身，而且即使是沐浴完后，精油仍然继续停留在皮肤上，皮肤仿佛被淡淡地熏香过。而溶于水的沐浴用油并不容易被皮肤吸收，皮肤本身是不吸水的。

5. 芳香水疗基本认知

SPA的原始精神在于强调产品取材于自然界和纯手工的服务，重视疗程规划，而非依赖仪器，仪器的使用仅在于辅助性功能，不能取代全部疗程，冷冰冰的机器绝不可能代替双手的温度和触感，这种观念是SPA族的基本认知。如图6—4所示。

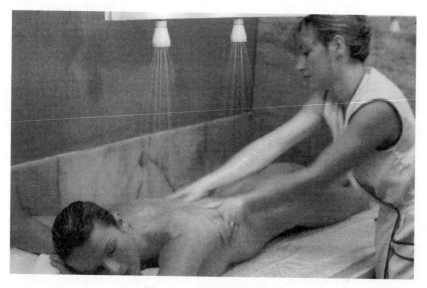

图6—4 现代水疗（SPA）

二、芳香水疗法的种类

1. 浸浴法

此法适用于身体的上下肢。根据身体状况选用精油，将准备好的精油倒入盆内，进行搓洗。每次洗10～30 min，每日进行1～2次。为保持水温，可不断添加热水，如图6—5

图 6—5　浸浴法

所示。

2. 擦洗法

此法多用于身体的躯干部位。根据身体状况选用精油，将准备好的精油倒入盆内，用纱布或毛巾进行所需身体部位的擦洗。每次洗 20～30 min，每日进行 1～2 次，如图 6—6 所示。

3. 淋浴法

此法适用于身体各个部位。根据身体状况选用精油，将准备好的精油倒入带有喷头的装置内，将置于高处的喷头喷洒所需部位。每次冲洗 5～20 min，每日进行 1～3 次。

三、芳香水疗法的注意事项

（1）浸洗时，水温要适中，一般为 45～60℃。水温不能过热和过凉（除特殊症状外）。

（2）浸洗时，可按摩所需部位及穴位。

（3）浸洗时间不可太短或过长，一般浸洗 15～30 min。

（4）饭前、饭后 30 min 内不宜进行水疗，空腹易发生低血糖或休克，过饱会影响食物消化。

（5）水疗时要注意保暖，避免受寒、吹风，水疗完毕后应及时拭干皮肤。

（6）加过精油的水，应防止溅入口、眼、鼻内。

（7）高热或高血压病、冠心病、心功能不全及有出血倾向者，应避免进行香熏水疗。

图 6—6　擦洗法

（8）老年人、儿童、病情严重者应避免进行香熏水疗。如有特别情况需要香熏水疗，要有专人陪护，避免烫伤、着凉或发生意外事故。

（9）激烈运动前后、饮酒后避免进行芳香水疗。

（10）要按规定使用精油，不可超量，避免精油浓度过高。

第2节　常用芳香水疗法

 **学习目标**

➤了解常用芳香水疗法的种类

➤熟悉芳香水疗法的具体操作

➤掌握芳香水疗法的注意事项

 知识要求

一、芳香沐浴法

1. 选择精油

精油对改善身体不适症状功效极高，应按身体症状所需选择精油，精油种类繁多，可分为使心情安静与亢奋精神的精油，这些精油可依作息时间使用，如就寝前可使用安定精神的精油，如檀香精油等，晨浴时可使用使人亢奋的精油，如薄荷精油等；有放松、减压效果的精油，如薰衣草精油等；有消炎杀菌功效的精油，如尤加利精油、茶树精油等；有平衡荷尔蒙功效的精油，如玫瑰精油、茉莉精油等；有促进血液循环功效的精油，如快乐鼠尾草精油等。从精油所含成分来看，有的精油还具有保湿效果与利尿作用。

2. 预备沐浴

（1）准备用具。准备精油、热水、温度计、音乐、浴帽、浴巾、沐浴毛刷，如图6—7所示。

图6—7　准备用具

（2）做基本放松动作。

3. 精油沐浴

首先播放舒缓的音乐，然后将所需精油滴入（少于10滴）盛满热水的浴盆中，用温度计或手试水温是否合适，然后将身体完全浸入水中10～30 min。精油与香水最大不同在于其完全不含化学成分，所使用的是100%纯天然植物制品的精油。在此须注意的是精油使用浓度不可过高，如果在浴室中放置燃烧熏香灯，其中滴入精油，将可取得更好的效果。

4. 沐浴后的保养

沐浴后，休息 30 min 左右，使汗液完全排出。想拥有光滑柔嫩的肌肤，就必须先做好去角质的工作，用含有微细粒子的谷物类以及牛奶成分配方去角质；再根据身体状况配制香熏复方按摩油，将配制好的精油倒在手中温热后，再顺着肌肉的纹路进行全身按摩，按摩会使肌肤的负担减轻；之后，全身涂抹保养润肤霜。

二、芳香足浴法

芳香足浴法如图 6—8 所示。

图 6—8　芳香足浴法

1. 选择精油

（1）改善情绪、平衡自律神经：天竺葵精油、檀香精油、薰衣草精油、乳香精油、茉莉精油。

（2）消除焦躁、歇斯底里情绪：马郁兰精油、薰衣草精油、檀香精油、依兰精油。

（3）增强记忆力、集中力：迷迭香精油、百里香精油、佛手柑精油、薄荷精油。

（4）改善失眠、消除压力及疲劳：橙花精油、玫瑰精油、薰衣草精油、洋甘菊精油、快乐鼠尾草精油。

（5）促进消化、改善胃部不适：茴香精油、广藿香精油、葡萄柚精油、洋甘菊精油、天竺葵精油。

（6）预防感冒、改善感冒不适：薄荷精油、尤加利精油、茶树精油、薰衣草精油、迷迭香精油。

（7）促进荷尔蒙分泌、舒缓经痛：茉莉精油、玫瑰精油、丝柏精油、肉桂精油、依兰精油、快乐鼠尾草精油。

（8）促进血液循环、舒缓关节痛：檀香精油、玫瑰精油、迷迭香精油、欧白芷精油、洋甘菊精油、肉桂精油、姜精油。

2. 预备浸泡足部

（1）准备用具：精油、水桶（避免金属制品）、热水、温度计、高尔夫球或玻璃珠、毛巾。

（2）水温：与体温相近的温度，建议水温为37～39℃；有时要使用冷水，建议水温为16～20℃。

（3）场所：在温暖的房间、习惯的场所进行。

3. 足浴后的保养

足浴后，休息10 min左右；做去角质的工作，用含有微细粒子的谷物类以及牛奶成分配方去角质；再根据身体状况配制芳香复方按摩油，用配制好的复方精油进行足部反射区按摩；之后涂抹足部保养霜。

三、芳香手浴法

芳香手浴法如图6—9所示。

图6—9 芳香手浴法

1. 选择精油

（1）改善情绪、平衡自律神经：檀香精油、天竺葵精油、迷迭香精油、茉莉精油、玫瑰精油。

（2）消除焦躁情绪：檀香精油、马沃兰精油、薰衣草精油、依兰精油、快乐鼠尾草精油。

（3）增强记忆力、集中力：迷迭香精油、百里香精油、佛手柑精油、柠檬精油、薄荷精油、茴香精油。

（4）改善失眠、消除压力及疲劳：橙花精油、玫瑰精油、薰衣草精油、快乐鼠尾草精油、天竺葵精油。

（5）促进消化、改善胃部不适：茴香精油、黑胡椒精油、豆蔻精油、葡萄柚精油、莱姆精油、广藿香精油。

（6）预防感冒精油、改善感冒不适：薄荷精油、尤加利精油、黑胡椒精油、马沃兰精油、薰衣草精油、檀香精油。

（7）促进荷尔蒙分泌、舒缓经痛：玫瑰精油、茉莉精油、乳香精油、没药精油、丝柏精油、依兰精油、快乐鼠尾草精油。

（8）促进血液循环、舒缓关节痛：檀香精油、薄荷精油、欧白芷精油、迷迭香精油、百里香精油、洋甘菊精油、姜精油。

2. 预备浸泡手部

（1）准备用具：精油、水盆（避免金属、塑料制品）、热水、温度计、毛巾。

（2）水温：与体温相近的温度，以 37～39℃为佳；有时要使用冷水，以 16～20℃为佳。

（3）场所：在温暖的房间、习惯的场所进行。

3. 手浴后的保养

手浴后，休息 10 min 左右；做去角质的工作，用含有微细粒子的谷物类以及牛奶成分配方去角质；再根据身体状况配制芳香复方按摩油，用配制好的复方精油进行手部反射区按摩；之后涂抹手部保养霜。

四、芳香臀浴法

1. 选择精油

（1）杀菌、预防阴道炎：罗勒精油、杜松精油、迷迭香精油、茶树精油、柠檬精油、佛手柑精油、茉莉精油、洋甘菊精油。

（2）改善真菌感染：茶树精油。

2. 预备浸泡臀部

（1）准备用具：精油、水盆（避免金属、塑料制品）、热水、温度计、毛巾。

（2）水温：与体温相近的温度，以 37～39℃ 为佳。

（3）场所：在温暖、隐秘的浴室进行。

3. 精油臀浴

此法多用于身体躯干部位。根据身体状况选用精油，将精油滴入盆内，用纱布或毛巾擦洗所需洗的部位。每次擦洗 20～30 min，每日进行 1～2 次。

4. 臀浴后的保健

臀浴后，在内裤上滴 1 滴茶树精油杀菌，可预防细菌感染。

本章测试题

一、单选题

1. 芳香水疗法是利用（   ），再加上有针对性的精油，使身体充分吸收精油，让身心得到放松的保健方法。

    A. 水的力量和水的温度   B. 水中的矿物质

    C. 水的摩擦力   D. 水的阻力

2. 将肢体完全浸泡在精油或药草的水中刺激手、足穴道，有（   ）的功能。

    A. 改善反射区   B. 吸收   C. 治病   D. 疏通淋巴

3. 直到（   ），洗澡才变成欧洲人普遍养成的习惯，即便如此，欧洲人养成洗澡的习惯是迫于需求而非爱好。

    A. 19 世纪   B. 16 世纪   C. 15 世纪   D. 18 世纪

4. 在（   ）时，除了土耳其浴之外，芳香浴也是在此时期广为流行的一种洗澡方式。

    A. 19 世纪   B. 16 世纪   C. 15 世纪   D. 18 世纪

5. SPA 的原文是 Solus Par Aqua，意思是（   ）。

    A. 健康之水   B. 温泉沐浴   C. 土耳其沐浴   D. 矿泉浴

6. SPA 开始流行于（   ）的欧洲，矿泉不但可治病，还可健身、美容、驻颜抗老。

    A. 19 世纪   B. 16 世纪

    C. 17 世纪和 18 世纪   D. 20 世纪

7. SPA 的原始精神在于强调（   ）、纯手工服务、重视疗程的规划。

    A. 产品材料自然   B. 产品配方   C. 护理的环境   D. 操作的人员

8. 芳香水疗的种类分为洗浴法、（   ）、臀浴法、擦洗法、淋浴法。

A. 泡澡 　　　　B. 沐浴法 　　　　C. 浸浴法 　　　　D. 洗浴法

9. 浸洗时，水温要适中，一般为（　　），不能过热和过凉。

A. 35～45℃ 　　　B. 30～40℃ 　　　C. 45～60℃ 　　　D. 70～80℃

二、判断题（下列判断正确的请打"√"，错误的打"×"）

1. 芳香水疗是任何人都可以进行的保健方法，而且没有副作用。　　　　（　　）

2. 芳香水疗可以改善医院都不能消除的人体不舒服的症状。　　　　（　　）

3. 古埃及人在泡澡完毕后，常用芳香用品进行全身按摩。　　　　（　　）

4. 古埃及人的沐浴顺序是先用热水，之后用冷水。　　　　（　　）

5. SPA 不仅局限于水疗，还结合了芳香疗法、天然养肤秘方、民间养生法。　　　　（　　）

6. SPA 不但可以治病，还可以健身、美容。　　　　（　　）

7. SPA 护理所使用的仪器可取代全部手工的疗程。　　　　（　　）

8. 沐浴之后再加上按摩对身体而言具有非常舒缓的效果，有益于身体健康。　　　　（　　）

9. 整个浸洗时间一般不超过 30 分钟。　　　　（　　）

10. 感冒发烧时可以进行香熏水疗，以减轻症状。　　　　（　　）

本章测试题答案

一、单选题

1. A 　　2. A 　　3. A 　　4. C 　　5. A 　　6. C 　　7. A 　　8. C 　　9. C

二、判断题

1. √ 　　2. √ 　　3. √ 　　4. × 　　5. √ 　　6. √ 　　7. × 　　8. √ 　　9. √

10. ×

理论知识考核模拟试卷

一、判断题（下列判断正确的请打"√"，错误的打"×"。每题 1 分，满分 20 分。）

1. 芳香疗法的前身是药草学，是近代使用植物治疗的自然疗法。　　　（　　）

2. 东方三博士带着礼物（黄金、没药、乳香）来见圣婴耶稣。　　　（　　）

3. 英国科学家盖特福斯发现精油对外伤和灼伤有神奇的疗效，因此更加深了对精油的研究兴趣。　　　（　　）

4. 治疗师莫利女士将精油用于美容疗法上，她是第一位使用精油的非医学专业人士。
　　　（　　）

5. 法国人将草药治疗与饮食调理相结合，由自然疗法师及营养师进行临床针对性治疗。　　　（　　）

6. Aromatherapy ——芳香疗法一词是 20 世纪才出现的单词。由表达香味、芳香意思的单词"aroma"和表达疗法、治疗意思的单词"therapy"结合而成。　　　（　　）

7. 精油和其他油脂是不同的，它们的质地本身不油腻，并且具有较高的挥发性。
　　　（　　）

8. 精油的制造方法通常有两种方式：蒸馏法和压榨法。　　　（　　）

9. 任何肌肤以及症状都可以使用依兰精油，剂量上也没有太大的禁忌。　　　（　　）

10. 杜松精油是浆果萃取的，可帮助排尿，改善水肿的现象，排出堆积的毒素，净化肠道，调节胃口，改善身体僵硬性疼痛，可以调整经期，舒缓经痛。　　　（　　）

11. 芸香科植物精油可增加皮肤对光线的敏感度，经常日光浴的顾客不宜使用。
　　　（　　）

12. 癫痫症、痉挛、肾脏病或生理情绪极度过敏的人，须经医生批准才可接受芳香精油护理。　　　（　　）

13. 纯精油应用基础油稀释后使用，避免使用在眼睛、眼睛周围、嘴唇和肛门等部位。　　　（　　）

14. 在医学方面，精油的药性比草药浓 70 倍，渗透力高，能迅速针对疾病加以治疗。
　　　（　　）

15. 基础油也被称为媒介油或是基底油，是取自植物花朵、坚果、种子的油，是经过

冷压提炼的（在60℃以下处理）。 （ ）

16. 利用在饮食方面的精油可分为药草类、香料类、水果类、花卉类。 （ ）

17. 精油和草药不能混为一谈，虽然它们有共同的起源，但草药使用计量大，药效较弱。 （ ）

18. 不可以用植物油与精油混合来制作洁肤和润肤的化妆品。 （ ）

19. 人们运用精油净化环境、驱虫防虫、消除异味是为了改善"环境荷尔蒙"。 （ ）

20. 有些精油可溶于酒精、固体油及水中。 （ ）

二、单项选择题（每题选项中有一个正确字母代号填在横线空白处。每题1分，满分30分。）

1. _____系统的功能主要在于将体内部分细胞外液送回血液中，以防御外来的侵袭。

　　A. 淋巴　　　　　B. 免疫　　　　　C. 循环　　　　　D. 消化

2. 淋巴结、扁桃体、脾脏、胸腺都是淋巴器官，而骨髓也能制造淋巴球，所以我们也称它为淋巴器官，其主要功能就是_____。

　　A. 营养　　　　　B. 代谢废物　　　C. 促进循环　　　D. 免疫

3. 芳香按摩可使身体内所有元素达到平衡，在生理上、_____、情感上、精神上以及在个人及环境之间达成协调，借由恢复其平衡和协调，身体自身的愈合能量就会释放出来，产生健康及幸福的感觉。

　　A. 保养上　　　　B. 心理上　　　　C. 效果上　　　　D. 免疫上

4. 人体自主神经系统包括_____和内脏感觉神经，这两类神经系统应处于平衡状态。

　　A. 大脑神经　　　B. 中枢神经　　　C. 坐骨神经　　　D. 内脏运动神经

5. 五脏的功能主要是_____和储藏精气。

　　A. 免疫　　　　　B. 吸收　　　　　C. 循环　　　　　D. 化生

6. 淋巴按摩的主要操作手法采用的是淋巴排出法，即_____。

　　A. 淋巴引流　　　B. 循环按摩法　　C. 反射按摩法　　D. 淋巴保养

7. 芳香按摩操作的力度不可过重，根据顾客所护理的部位_____来决定力度。

　　A. 体重轻重　　　B. 肌肉大小　　　C. 骨骼　　　　　D. 态度要求

8. 芳香按摩_____仔细检查顾客是否有任何禁忌证。

　　A. 不需要　　　　B. 按摩过程中　　C. 护理前　　　　D. 护理后

9. 打过预防针，针后_____进行淋巴按摩。

    A. 可以马上

    B. 36 小时内不宜

    C. 12 小时内不宜

    D. 1 小时内不宜

10. 饮酒后或针灸_____不得进行淋巴按摩。

    A. 24 小时内   B. 3 小时内   C. 12 小时内   D. 1 小时内

11. SPA 原始精神在于强调产品取材自然界和_____，重视疗程规划，这种观念是 SPA 族的基本认知。

    A. 纯手工的服务

    B. 使用仪器

    C. 内服化学药物

    D. 跑步锻炼

12. SPA 即是芳香水疗法。是利用_____和水的温度，再加入适量针对身体症状的植物精油，使身体充分吸入精油，借着代谢效果让身心得到放松的保健方法。

    A. 水的力量   B. 先进设备   C. 优良的环境   D. 高档精油

13. 通过嗅觉测试精油的品质主要观察它的纯度和（　　）。

    A. 强度   B. 味道好坏   C. 闻过的感觉   D. 味道轻重

14. 鉴别精油纯度的主要方法是离子色泽分析法、嗅觉测试、肉眼测试、能量测试、理化实验、（　　）。

    A. 可燃测试   B. 味道测试   C. 挥发测试   D. 轻重度

15. 萃取玫瑰精油的玫瑰花是（　　）的质量最佳。

    A. 保加利亚   B. 美国   C. 土耳其   D. 印度

16. 没药精油、乳香精油萃取植物的（　　）部分。

    A. 种子   B. 果实   C. 树脂、树胶   D. 枝叶

17. 香熏精油的主要化合物种类包括醇类、酯类、醛类、酮类、酚类、（　　）。

    A. 烯类   B. 蛋白质   C. 碳水化合物   D. 香豆素类

18. 植物的（　　）是植物本身孕育的开始，可滋补细胞。

    A. 种子   B. 根部   C. 果实   D. 枝叶

19. 洋甘菊精油是萃取植物的（　　）。

    A. 干燥的花   B. 湿润的花   C. 花蕊部分   D. 花瓣

20. 天竺葵精油的挥发度是（　　）。

    A. 中   B. 高   C. 低   D. 高偏中

21. 最早的中药学专著《神农本草经》问世已有（　　）年的历史。

    A. 2 000 多   B. 1 000   C. 200   D. 1 500

22. 中国药学最经典的著作《本草纲目》，书中记载了近 2 000 多种药材（大多是植

物），以及（　　）多种的不同药方。

    A. 8 160   B. 2 000   C. 500   D. 1 000

23. 芳香疗法历史上，阿拉伯最伟大的医师阿比西纳最大的贡献就是发明了（　　）技术。

    A. 蒸馏   B. 排毒   C. 种植   D. 手术

24. 一位奥地利治疗师，玛格丽特·莫利女士在精油的研究中，将植物精油用于（　　）上，她是第一位使用精油的非医学专业人士。

    A. 美容疗法   B. 麻醉技术   C. 调制香水   D. 食疗

25. 精油的价值同它的产地和自然因素、农业因素、工业因素和品牌、（　　）相关。

    A. 采集时机   B. 压榨技术   C. 浸泡时间   D. 价格定位

26. 中医认为，人之真气受之于父母，藏于（　　），而且还不断从脾胃运化而来的水谷精微中得到补充，以供全身。

    A. 肾脏   B. 心脏   C. 肝脏   D. 脾脏

27. 奇恒之腑是脑、髓、骨、脉、（　　）、女子胞（子宫）。

    A. 胆   B. 肝   C. 脾   D. 心

28. 肾的主要生理功能有：在志为恐，其华在发，开窍于耳及（　　）。

    A. 二阴   B. 皮毛   C. 鼻子   D. 唇

29. 经络的组成：经络包括十二正经、（　　）、十五络脉、孙脉、浮络等子系统。

    A. 奇经八脉   B. 督脉   C. 任脉   D. 带脉

30. 淋巴按摩也称为（　　），以促进淋巴循环和排除毒素为原则。

    A. 淋巴引流   B. 肌肉按摩   C. 指压按摩   D. 经络按摩

三、多项选择（选择正确的答案，将相应的字母代号填在横线空白处。每题 2 分，满分 20 分。）

1. 精油使用的方法有（　　）。

    A. 吸入法   B. 按摩法   C. 泡澡   D. 点穴法

    E. 涂抹法

2. 芳香水疗的方法有（　　）。

    A. 浸浴   B. 足浴   C. 臀浴   D. 涂抹

    E. 按摩

3. 唇形科芳香植物有（　　）等。

    A. 薰衣草   B. 尤加利   C. 薄荷   D. 茶树

E. 苦橙叶

4. 芸香科芳香植物有（　　　）。

A. 柠檬　　　　　　B. 葡萄柚　　　　　C. 橙花　　　　　　D. 乳香

E. 佛手柑

5. 芳香泡澡需要使用的精油范围是（　　　）滴。

A. 5　　　　　　　　B. 8　　　　　　　C. 15　　　　　　　D. 3

E. 20

6. 使用芳香植物木心部分萃取的精油是（　　　）精油。

A. 檀香　　　　　　B. 香柏木　　　　　C. 花梨木　　　　　D. 杜松

E. 安息香

7. 使用芳香植物种子部分萃取的精油是（　　　）精油。

A. 茴香　　　　　　B. 黑胡椒　　　　　C. 杜松　　　　　　D. 豆蔻

E. 胡萝卜籽

8. 哪些人群症状不可使用精油？（　　　）

A. 癌症　　　　　　B. 发烧　　　　　　C. 胀气　　　　　　D. 恶心

E. 做过手术

9. 鉴别真假精油的方法是（　　　）。

A. 嗅闻　　　　　　B. 视觉观察　　　　C. 测试可燃　　　　D. 稀释观察

E. 冷却后观察

10. 挥发度高的精油有（　　　）。

A. 佛手柑　　　　　B. 玫瑰　　　　　　C. 葡萄柚　　　　　D. 尤加利

E. 茶树

四、名词概念简述（每题 15 分，满分 30 分。）

1. 简述芳香疗法的概念。

2. 何谓芳香美容？

理论知识考核模拟试卷答案

一、判断题

1. × 2. √ 3. × 4. √ 5. × 6. √ 7. √ 8. × 9. ×
10. √ 11. √ 12. √ 13. √ 14. √ 15. √ 16. √ 17. √ 18. ×
19. √ 20. ×

二、单项选择题

1. A 2. D 3. B 4. D 5. D 6. A 7. B 8. C 9. B
10. A 11. A 12. A 13. A 14. A 15. A 16. C 17. A 18. A
19. A 20. A 21. A 22. A 23. A 24. A 25. A 26. A 27. A
28. A 29. A 30. A

三、多项选择题

1. ABCDE 2. ABC 3. AC 4. ABCE 5. ABD 6. ABC 7. ABD 8. ABE 9. ABC
10. ACD

四、名词概念简述

1. 答：芳香疗法（Aromatherapy）是一种以预防、保健及调理为主的自然整体疗法，它是利用不同功效的植物精油，通过专业人士有针对性的特殊调配，采用相应的方式，在身体不排斥的状态下将精油吸收，最终使影响人们身体、精神健康的一些不适状况得到改善，从而达到身心健康的目的。同时，它也是一门使用植物治疗和预防疾病的科学及艺术。

Aromatherapy——芳香疗法，这个英文单词是在 20 世纪才出现的，由表达香味、芳香意思的单词"aroma"与表达疗法、治疗意思的单词"therapy"相结合而成的。它的基本意思是指使用从花卉和果实等植物中萃取的天然精油来促进身心健康及美容。芳香疗法最大的特征就是在改善身体、皮肤状况的同时，着重于"心理"的调整、改善。芳香疗法的前身是药草学，药草学可以说是人类历史上最古老的防病治病及调养的基本方法。在蒸馏精油的技术尚未出现前，几千年来，人们一直采用能萃取精油的植物作为药材，以预防和改善患者的病情。芳香疗法吸收了东方医学"身心一致"的思想，将印度医学、中国医学（包括中国的藏医学）的理论融合进来。

2. 答：芳香美容以芳香疗法理论为基础，将自然界植物萃取的植物精油融入及运用到美容护肤品、美容护理之中。芳香美容是一种从内调节身体和情绪，使皮肤达到由内而养外的美容科学。

操作技能考核模拟试卷

试题名称：全身芳香按摩（100分）

1. 内容及操作要求

职业功能	鉴定范围	技能要求	知识要求	时限
一、咨询	生活	通过与顾客的交谈，其目的是了解生活习惯如：运动、饮食、工作情况、生育情况	根据了解，掌握顾客的不良生活习惯，可能会导致的不适症状，使之避免	10 min
	面部	观察面部及皮肤上出现问题	以中医理论为依据来判定顾客面部问题产生原因	
	身体	了解和察看顾客身体各个系统的状况	以中医理论为依据，根据顾客身体上产生的不适，判定采用何种精油及方式进行改善	
	心理	了解顾客心理方面是否出现障碍及压力	根据顾客精神上出现的问题，判断选择精油	
二、调配精油	识别精油	怎样识别精油	掌握精油的概念、价值、来源、识别精油方法、功效及禁忌	3 min
	识别基础油	掌握并识别基础油种	掌握基础油的功效特征	
	选择调试工具	熟练运用调试精油工具	掌握并巩固精油的特性	
	调配按摩油	熟练调配精油基本方法及操作程序	掌握精油调配的原则、剂量的控制、品质的选择 调配前的准备、调配精油的工具、怎样调配精油	
三、全身芳香按摩	按抚放松	让顾客放松神经、进入状态，做被动的热身运动	掌握按摩前的基本步骤	60 min
	操作技巧	取油、涂油方向、操作手势规范、柔贴度沉、力度适宜、走向准确	掌握基本按摩知识及规范操作技巧	
	芳香淋巴按摩	正确进行芳香淋巴按摩，熟练掌握芳香淋巴按摩手法	掌握按摩基本知识，操作熟练，顺序正确，受术部位准确，走向准确，淋巴结部位不能按压	
总计				73 min

2. 准备工作

（1）材料装备。按摩床、按摩枕、大毛巾2条、小毛巾2条、薄被、拖鞋。

（2）工具、量具。单方精油、基础油或复方按摩油、量杯（10 mL、20 mL）、天然材料搅拌棒。

3. 考核时限

（1）基本时间。73 min。

（2）分项时间。识别精油3 min，基本按摩操作流程60 min，咨询工作和调配按摩油10 min。

（3）时间允差。每超过2 min，从总分中扣除1分，不足2 min的按2 min计。超过20 min不计成绩。

4. 评分项目及标准

国家职业资格鉴定芳香美容技能操作鉴定表

鉴定单位：   鉴定日期：   鉴定人数：   考评员签名：

职业（工种）	芳香美容		等级	一 二 三 四 五 其他 □ □ □ □ □ ✓	
项目名称	芳香按摩	鉴定内容	全身芳香按摩	鉴定时限	73 min
细则号	鉴定要求	配分	等级	评分细则	
1.1 嗅闻精油	15种精油（尤加利、茶树、迷迭香、薄荷、天竺葵、葡萄柚、香橙、柠檬、洋甘菊、檀香、茉莉、鼠尾草、马沃兰、依兰、薰衣草）挑选其中3种精油正确识别	15	A	嗅闻正确3种	
			B	嗅闻正确2种	
			C	嗅闻正确1种	
			D	嗅闻全部错误	
2.1 填写咨询表	1. 咨询内容完整、准确 2. 良好的语言沟通 3. 选择精油正确 4. 选择基础油正确 5. 配方浓度比例正确	15	A	全部达到要求	
			B	二项达不到要求	
			C	三项达不到要求	
			D	四项或以上达不到要求	
3.1 全身芳香按摩	3.1.1 准备工作	1. 引导顾客更衣就位 2. 衣物、鞋放置规范 3. 盖被、铺盖头巾规范 4. 饰品全部取下 5. 产品齐全、摆放规范	2	A	全部达到要求
				B	二项达不到要求
				C	三项达不到要求
				D	四项或以上达不到要求

职业（工种）	芳香美容		等级	一 二 三 四 五 其他 □ □ □ □ □ ✓	
项目名称	芳香按摩	鉴定内容	全身芳香按摩	鉴定时限	73 min
细则号	鉴定要求	配分	等级	评分细则	
3.1 全身芳香按摩	3.1.2 卫生消毒 1. 手部消毒 2. 容器消毒、洁净 3. 取按摩油规范，卫生 4. 卫生消毒用品准备齐全 5. 调制按摩油要用搅拌棒	5	A	全部达到要求	
			B	二项达不到要求	
			C	三项达不到要求	
			D	四项或以上达不到要求	
	3.1.3 头、颈、腰背部芳香按摩 1. 取油、涂油方向、操作手势规范 2. 操作熟练，顺序正确 3. 柔贴度沉、力度适宜 4. 受术部位准确，淋巴结部位不能按压 5. 走向准确（淋巴结向心力）	15	A	全部达到要求	
			B	二项达不到要求	
			C	三项达不到要求	
			D	四项或以上达不到要求	
	3.1.4 后下肢芳香按摩 1. 取油、涂油方向、操作手势规范 2. 操作熟练，顺序正确 3. 柔贴度沉、力度适宜 4. 受术部位准确，淋巴结部位不能按压 5. 走向准确（淋巴结向心力）	5	A	全部达到要求	
			B	二项达不到要求	
			C	三项达不到要求	
			D	四项或以上达不到要求	
	3.1.5 面部芳香按摩 1. 取油、涂油方向、操作手势规范 2. 操作熟练，顺序正确 3. 柔贴度沉、力度适宜 4. 受术部位准确，淋巴结部位不能按压 5. 走向准确（淋巴结向心力） 6. 更换部位手部消毒	10	A	全部达到要求	
			B	二项达不到要求	
			C	三项达不到要求	
			D	四项或以上达不到要求	
	3.1.6 胸腹部芳香按摩 1. 取油规范、涂油操作手势规范 2. 操作熟练，顺序正确，腹部打圈按摩以逆时针方向 3. 柔贴度沉、力度适宜 4. 受术部位准确，避开乳晕部 5. 走向准确（淋巴结向心力）	10	A	全部达到要求	
			B	二项达不到要求	
			C	三项达不到要求	
			D	四项或以上达不到要求	

续表

职业（工种）	芳香美容		等级	一　二　三　四　五　其他 □　□　□　□　□　√		
项目名称	芳香按摩	鉴定 内容	全身芳香按摩	鉴定时限		73 min
细则号		鉴定要求	配分	等级		评分细则
3.1 全身芳香按摩	3.1.7 上肢芳香 按摩	1. 取油、涂油方向、操作手势规范 2. 操作熟练，顺序正确 3. 柔贴度沉、力度适宜 4. 受术部位准确，淋巴结部位不能按压 5. 走向准确（淋巴结向心力）	10	A		全部达到要求
				B		二项达不到要求
				C		三项达不到要求
				D		四项或以上达不到要求
	3.1.8 前下肢芳 香按摩	1. 取油、涂油方向、操作手势规范 2. 操作熟练，顺序正确 3. 柔贴度沉、力度适宜 4. 受术部位准确，淋巴结部位不能按压 5. 走向准确（淋巴结向心力）	5	A		全部达到要求
				B		二项达不到要求
				C		三项达不到要求
				D		四项或以上达不到要求
	3.1.9 结束工作	1. 照顾顾客起身，为顾客整理发型，引领离场 2. 整理床铺，清理器皿，清理工作位置	2	A		达到要求
				D		达不到要求
	3.1.10 个人仪表	1. 束发且无发丝下垂 2. 化淡妆 3. 无饰品（包括模特） 4. 戴口罩 5. 不留指甲及不涂指甲油	2	A		全部达到要求
				B		二项达不到要求
				C		三项达不到要求
				D		四项或以上达不到要求
	3.1.11 工作素养	1. 整个流程完整，无差错 2. 随时注意顾客局部保暖 3. 站立标准、微笑待客 4. 能适当运用身体语言为顾客服务 5. 在操作全过程体现顾客至上的精神	2	A		全部达到要求
				B		二项达不到要求
				C		三项达不到要求
				D		四项或以上达不到要求
	3.1.12 时间掌控	整个流程不允许超过规定时间±2 min	2	A		达到要求
				D		达不到要求